中华人民共和国行业标准

水运工程地基设计规范

JTS 147—2017

主编单位：中交天津港湾工程研究院有限公司
批准部门：中华人民共和国交通运输部
施行日期：2018 年 3 月 1 日

人民交通出版社股份有限公司

2018 · 北京

图书在版编目(CIP)数据

水运工程地基设计规范 / 中交天津港湾工程研究院有限公司主编. — 北京 : 人民交通出版社股份有限公司, 2017.5

ISBN 978-7-114-13750-1

Ⅰ. ①水… Ⅱ. ①中… Ⅲ. ①港口工程 - 地基 - 基础(工程) - 设计规范 Ⅳ. ①U652.7

中国版本图书馆 CIP 数据核字(2017)第 070004 号

中华人民共和国行业标准

书　　名: 水运工程地基设计规范

著 作 者: 中交天津港湾工程研究院有限公司

责任编辑: 董　方

出版发行: 人民交通出版社股份有限公司

地　　址: (100011)北京市朝阳区安定门外外馆斜街 3 号

网　　址: http://www.chinasybook.com

销售电话: (010)64981400,59757915

总 经 销: 北京交实文化发展有限公司

印　　刷: 北京市密东印刷有限公司

开　　本: 880 × 1230　1/16

印　　张: 9.75

字　　数: 219 千

版　　次: 2018 年 1 月　第 1 版

印　　次: 2023 年 1 月　第 7 次印刷

书　　号: ISBN 978-7-114-13750-1

定　　价: 90.00 元

交通运输部关于发布《水运工程地基设计规范》(JTS 147—2017)的公告

2017 年第 55 号

现发布《水运工程地基设计规范》(以下简称《规范》)。本《规范》为强制性行业标准,编号为 JTS 147—2017,自 2018 年 3 月 1 日起施行。《港口工程粉煤灰填筑技术规程》(JTJ/T 260—97)、《水下深层水泥搅拌法加固软土地基技术规程》(JTJ/T 259—2004)、《港口工程碎石桩复合地基设计与施工规程》(JTJ/T 246—2004)、《真空预压加固软土地基技术规程》(JTS 147—2—2009)和《港口工程地基规范》(JTS 147—1—2010)同时废止。

本《规范》第 4.3.13 条、第 8.3.9 条和第 8.7.16 条中的黑体字部分为强制性条文,必须严格执行。

本《规范》由交通运输部水运局负责管理和解释。

特此公告。

中华人民共和国交通运输部

2017 年 12 月 11 日

制定说明

本规范是根据“交通运输部关于下达2008年度水运工程建设标准编制计划的通知”(交水发[2008]227号)要求,由交通运输部组织有关单位在《港口工程地基规范》(JTS 147—1—2010)《水下深层水泥搅拌法加固软土地基技术规程》(JTJ/T 259—2004)《港口工程碎石桩复合地基设计与施工规程》(JTJ/T 246—2004)《真空预压加固软土地基技术规程》(JTS 147—2—2009)和《水运工程爆破技术规范》(JTS 204—2008)等标准的基础上,经深入调查研究,并总结我国近年来水运工程地基设计的实践经验,吸纳成熟的新技术、新成果,广泛征求有关单位和专家的意见编制而成,主要包括水运工程岩土分类及工程特性、地基承载力、土坡和地基稳定、地基沉降、地基处理、地基监测和检测等技术内容。

《港口工程地基规范》(JTS 147—1—2010)《水下深层水泥搅拌法加固软土地基技术规程》(JTJ/T 259—2004)《港口工程碎石桩复合地基设计与施工规程》(JTJ/T 246—2004)《真空预压加固软土地基技术规程》(JTS 147—2—2009)和《水运工程爆破技术规范》(JTS 204—2008)实施以来,对规范和指导水运工程地基设计,保障水运工程建设质量和安全发挥了重要作用。随着水运工程建设的快速发展,涌现出一批水运工程地基设计新方法,原标准不能完全适应当前水运工程地基设计的需要。为此,交通运输部组织开展《水运工程地基设计规范》的制定工作。

本规范中第4.3.13条、第8.3.9条和第8.7.16条的黑体字部分为强制性条文,必须严格执行。

本规范的主编单位为中交天津港湾工程研究院有限公司,参编单位为中交第一航务工程局有限公司、中交水运规划设计院有限公司、中交第一航务工程勘察设计院有限公司、中交第二航务工程勘察设计院有限公司、中交第三航务工程勘察设计院有限公司、中交第四航务工程勘察设计院有限公司、天津大学和四川省交通运输厅交通勘察设计研究院。

本规范共分9章和15个附录,并附条文说明。本规范编写组人员分工如下:

1　总则:李树奇

2　术语:苗中海　朱耀庭　刘爱民

3　基本规定:叶国良　李树奇

4　岩土分类及工程特性:朱耀庭　郭述军

5　地基承载力:黄传志　喻志发　闫澍旺

6　土坡和地基稳定:黄传志　曹永华　朱胜利　闫澍旺

7　地基沉降:朱胜利　喻志发　叶国良　刘爱民

8　地基处理:刘爱民　叶国良　喻志发　杨京方　岳铭滨　杨国平
刘彦忠　俞武华　刘家才　何汉艺　尹彦忠　曹永华
李树奇　朱胜利　郭述军　苗中海　黄传志

9　监测和检测:喻志发　刘爱民　朱胜利

附录 A :闫澍旺　黄传志　刘爱民

附录 B :叶国良　朱耀庭　尹彦忠

附录 C :叶国良　杨国平　尹彦忠

附录 D :叶国良　苗中海

附录 E :叶国良　刘爱民　刘彦忠

附录 F :叶国良　黄传志

附录 G :黄传志　闫澍旺　苗中海　岳铭滨

附录 H :闫澍旺　黄传志　刘爱民　叶国良

附录 J :黄传志　刘爱民　苗中海　何汉艺

附录 K :朱胜利　刘爱民　杨国平　刘家才

附录 L :刘爱民　朱胜利　叶国良

附录 M :黄传志　刘爱民　俞武华

附录 N :刘爱民　朱耀庭　刘彦忠

附录 P :刘爱民

附录 Q :苗中海

本规范于 2014 年 8 月 26 日通过部审,2017 年 12 月 11 日发布,自 2018 年 3 月 1 日起实施。

本规范由交通运输部水运局负责管理和解释。各有关单位在执行过程中发现的问题和意见,请及时函告交通运输部水运局(地址:北京市建国门内大街 11 号,交通运输部水运局技术管理处,邮政编码:100736)和本规范管理组(地址:天津市河西区大沽南路 1002 号,中交天津港湾工程研究院有限公司,邮政编码:300222),以便修订时参考。

目　　次

1　总　　则

1.0.1　为统一水运工程地基设计的要求，满足安全可靠、技术先进、经济合理、耐久适用等要求，制定本规范。

1.0.2　本规范适用于水运工程地基设计。

1.0.3　地基设计应坚持因地制宜、就近取材、保护环境和节约资源的原则。设计方案应根据岩土工程勘察资料，综合考虑建筑物使用功能、结构形式和施工条件等确定。

1.0.4　水运工程地基设计除应符合本规范规定外，尚应符合国家现行有关标准的规定。

2 术 语

2.0.1 应力固结度 Consolidation Degree in Stress

饱和土体在某荷载作用下,某时刻的超静孔隙水压力消散值与初始超静孔隙水压力的比值,以百分数表示。

2.0.2 重度 Unit Gravity

重力密度或容重,单位体积岩土材料受到的重力。

2.0.3 土粒比重 Specific Gravity of Soil Particle

土颗粒在105℃~110℃下烘至恒量时的质量与同体积4℃时纯水质量的比值。

2.0.4 黏粒 Clay Particle

粒径小于等于0.005mm的土颗粒。

2.0.5 合力倾斜角 Slope Angle of Composite Force

作用于计算面上的合力方向与竖向的夹角。

2.0.6 合力倾斜率 Slope Gradient of Composite Force

作用于计算面上的水平合力与竖向合力的比值。

2.0.7 危险滑动面 Critical Sliding Surface

土坡与地基稳定计算中,抗力分项系数计算值最小的滑动面。

2.0.8 先期固结压力 Preconsolidation Pressure

土体在地质历史上曾受过的最大有效竖向压力。

2.0.9 超固结比 Over-consolidation Ratio

土体的先期固结压力与现有土层有效上覆压力的比值。

2.0.10 欠固结土 Under-consolidation Soil

在自重压力下尚未完成固结的土。

2.0.11 软土 Soft Soil

由滨海相、泻湖相、三角洲相、河湖相等沉积环境形成的天然孔隙比大于或等于1.0、天然含水率大于液限的细粒土。

2.0.12 超软土 Ultra Soft Soil

十字板抗剪强度小于等于5kPa的软土。

2.0.13 灵敏度 Sensitivity

原状土与重塑土不排水剪强度之比。

2.0.14 总应力法 Total Stress Method

不计孔隙水压力,只考虑总应力,并采用总应力强度指标分析的方法。

2.0.15 有效应力法 Effective Stress Method

在计算抗滑力矩时,考虑孔隙水压力的影响,并采用土的有效剪强度指标计算的方法。

2.0.16　复合地基　Composite Foundation

部分土体被增强或被置换,形成由地基土和增强体共同承担荷载的人工地基。

2.0.17　地基承载力特征值　Characteristic Value of Subsoil Bearing Capacity

由载荷试验测定的地基土压力变形曲线线性变形段内规定的变形所对应的压力值,其最大值为比例界限值。

3 基本规定

3.0.1 地基设计前期应开展下列工作:

(1)收集详细的地质、水文、地形、地貌、气象、地震等资料;

(2)调查邻近建筑、地下工程和管线等情况;

(3)了解当地地基处理经验和施工条件,以及类似地基条件下同类工程的地基处理经验和使用情况等;

(4)根据工程要求和地基条件,确定地基处理的目的、范围和处理后要求达到的各项技术指标。

3.0.2 地基设计应满足下列要求:

(1)地基承载力和整体稳定的要求;

(2)地基变形和不均匀变形的要求;

(3)渗透稳定的要求;

(4)在建筑物和地下水长期作用下,不发生地基强度降低而影响正常使用的要求;

(5)抗震的要求。

3.0.3 地基设计应查明对建筑物稳定性影响较大的软弱夹层、岩体不利结构面、岩溶、地下水状态、滑坡体、被掩埋的故河道和故冲沟、河床坡度及不同季节受冲淤影响而引起边坡坡度的变化等。

3.0.4 地基设计应考虑地基土的变异性并准确划分土层单元体。对较厚土层,宜区分亚层;对变异性较大的土层,应分析其原因;对取样困难的土层,应取得现场测试资料。

3.0.5 岩土物理力学指标等基本参数的统计应按代表性分区同时根据不同地质单元体分层进行,并应符合附录A的有关规定。主要岩土体单元各项室内和现场测得的岩土试验指标的统计样本数量均不应少于6个。

3.0.6 当需要进行可靠指标计算时,确定岩土物理力学指标等基本变量的取样要求及统计参数应按随机场考虑,并应符合附录A的有关规定。

3.0.7 当波浪力等往复荷载为主导作用或工程前后水位变化时,应判断软黏土地基是否产生软化、强度降低,必要时应进行试验研究,确定强度指标。

3.0.8 设计应对地基工程施工期和使用期提出监测和检测要求。

3.0.9 对于湿陷性土、红黏土、冻土、盐渍土和膨胀土等特殊土地基,可参照国家现行有关标准执行。

4 岩土分类及工程特性

4.1 岩的分类

4.1.1 岩石应按下列因素分类:

(1)按成因分为岩浆岩、沉积岩和变质岩;

(2)根据强度按表 4.1.1-1 进行岩石坚硬程度分类;

表 4.1.1-1 岩石坚硬程度分类

坚硬程度分类	极软岩	软岩	较软岩	较硬岩	坚硬岩
岩石饱和单轴抗压强度 f_r(MPa)	$f_r \leqslant 5$	$5 < f_r \leqslant 15$	$15 < f_r \leqslant 30$	$30 < f_r \leqslant 60$	$f_r > 60$

(3)岩石根据其软化系数按表 4.1.1-2 分为软化岩石和不软化岩石。

表 4.1.1-2 岩石软化类别分类

岩石软化类别	软化岩石	不软化岩石
软化系数 K_R	$K_R \leqslant 0.75$	$K_R > 0.75$

注:软化系数 K_R 为饱和与干燥状态的岩石单轴抗压强度之比。

4.1.2 岩体应按下列因素分类:

(1)岩体风化程度按附录 B 分为未风化、微风化、中等风化、强风化和全风化;

(2)岩体依岩石质量指标按表 4.1.2-1 分类;

表 4.1.2-1 岩体按岩石质量指标 *RQD* 分类

岩体 *RQD* 分类	极差	差	较差	较好	好
RQD(%)	$RQD \leqslant 25$	$25 < RQD \leqslant 50$	$50 < RQD \leqslant 75$	$75 < RQD \leqslant 90$	$RQD > 90$

注:*RQD* 指用直径 75mm 金刚石钻头和双层岩芯管在岩石中连续钻进取芯,回次钻进所取岩芯中,长度大于 10cm 岩芯段长度之和与该回次进尺的比值,以百分数表示。

(3)岩体结构类型按附录 C 分类;

(4)岩层的单层厚度按表 4.1.2-2 分类;

表 4.1.2-2 岩层按单层厚度分类

厚度分类	薄层	中厚层	厚层	巨厚层
单层厚度 h(m)	$h \leqslant 0.1$	$0.1 < h \leqslant 0.5$	$0.5 < h \leqslant 1.0$	$h > 1.0$

(5)岩体完整程度按表 4.1.2-3 确定。

表 4.1.2-3　岩体完整程度分类

岩体完整程度	极破碎	破碎	较破碎	较完整	完整
完整性指数 K_v	$K_v \leqslant 0.15$	$0.15 < K_v \leqslant 0.35$	$0.35 < K_v \leqslant 0.55$	$0.55 < K_v \leqslant 0.75$	$K_v > 0.75$

注:完整性指数 K_v 为岩体压缩波波速与岩块压缩波波速之比的平方,选定岩体和岩块测定波速时要具有代表性。

4.1.3　岩体基本质量等级分类可按表 4.1.3-1 确定。当地下工程的岩体存在地下水、软弱结构面和高初始应力时,应按表4.1.3-1 及表4.1.3-2 综合确定岩体基本质量等级。岩体基本质量指标的计 算及修正方法应按现行国家标准《工程岩体分级标准》(GB 50218)的有关规定执行。

表 4.1.3-1　岩体基本质量等级分类(按坚硬程度和完整程度)

坚硬程度 \ 完整程度	完整	较完整	较破碎	破碎	极破碎
坚硬岩	Ⅰ	Ⅱ	Ⅲ	Ⅳ	Ⅴ
较硬岩	Ⅱ	Ⅲ	Ⅳ	Ⅳ	Ⅴ
较软岩	Ⅲ	Ⅳ	Ⅳ	Ⅴ	Ⅴ
软　岩	Ⅳ	Ⅳ	Ⅴ	Ⅴ	Ⅴ
极软岩	Ⅴ	Ⅴ	Ⅴ	Ⅴ	Ⅴ

表 4.1.3-2　岩体基本质量等级分类(按岩体基本质量指标)

岩体基本质量等级分类	Ⅰ	Ⅱ	Ⅲ	Ⅳ	Ⅴ
岩体基本质量指标 BQ	$BQ > 550$	$550 \geqslant BQ > 450$	$450 \geqslant BQ > 350$	$350 \geqslant BQ > 250$	$BQ \leqslant 250$

4.1.4　岩体节理发育程度可按表 4.1.4 确定。

表 4.1.4　岩体节理发育程度分级

节理发育程度分级	基　本　特　征
节理不发育	节理 1~2 组,规则,为构造状,间距在 1m 以上,多为密闭节理;岩体被切割成巨块状
节理较发育	节理 2~3 组,呈 X 形,较规则,以构造型为主,多数间距大于 0.4m,多为密闭节理,部分为微张节理,少有充填物;岩体被切割成大块状
节理发育	节理 3 组以上,不规则,呈 X 形或米字形,以构造型和风化型为主,多数间距小于 0.4m,大部分为张开节理,部分有充填物;岩体被切割成块状
节理很发育	节理 3 组以上,杂乱,以风化型为主,多数间距小于 0.2m,多以张开节理为主,有个别扩张节理,一般均有充填物;岩体被切割成破碎状

4.2　土 的 分 类

4.2.1　土的分类根据地质成因可划分为残积土、坡积土、洪积土、冲积土、湖积土、海积土、风积土、人工填土和复合成因的土等。水运工程常见的几种成因类型的土及其工程地质特征见附录 D。

4.2.2　土的分类根据沉积时代可进行下列分类:

(1)老沉积土,即第四纪晚更新世(Q_3)及其以前沉积的土,一般具有较高的强度和较低的压缩性；

(2)一般沉积土，即第四纪全新世(Q_4)文化期以前沉积的土，一般为正常固结的土；

(3)新近沉积土，即第四纪全新世(Q_4)文化期以来沉积的土，其中黏性土一般为欠固结的土，且具有强度较低和压缩性较高的特征。

4.2.3　土的分类根据颗粒级配和塑性指数可划分为碎石土、砂土、粉土和黏性土，并应符合下列规定。

4.2.3.1　粒径大于2mm的颗粒质量超过总质量50%的土应定名为碎石土。碎石土可根据颗粒级配及形状按表4.2.3-1作进一步分类。

表4.2.3-1　碎石土分类

土的名称	颗粒形状	颗粒级配
漂石	圆形、亚圆形为主	粒径大于200mm的颗粒质量超过总质量的50%
块石	棱角形为主	
卵石	圆形、亚圆形为主	粒径大于20mm的颗粒质量超过总质量的50%
碎石	棱角形为主	
圆砾	圆形、亚圆形为主	粒径大于2mm的颗粒质量超过总质量的50%
角砾	棱角形为主	

注：定名时应根据颗粒级配由大到小以最先符合者确定。

4.2.3.2　粒径大于2mm的颗粒质量不超过总质量50%，且粒径大于0.075mm的粒径质量超过总质量的50%的土应定名为砂土。砂土可根据颗粒级配按表4.2.3-2作进一步分类。

表4.2.3-2　砂土分类

土的分类	颗粒级配
砾砂	粒径大于2mm的颗粒质量占总质量的25%~50%
粗砂	粒径大于0.5mm的颗粒质量超过总质量的50%
中砂	粒径大于0.25mm的颗粒质量超过总质量的50%
细砂	粒径大于0.075mm的颗粒质量超过总质量的85%
粉砂	粒径大于0.075mm的颗粒质量超过总质量的50%

注：定名时根据颗粒级配由大到小以最先符合者确定。

4.2.3.3　粒径大于0.075mm的颗粒质量不超过总质量的50%，且塑性指数小于或等于10的土应定名为粉土。

4.2.3.4　塑性指数大于10的土应定名为黏性土，按表4.2.3-3分为黏土和粉质黏土。

表4.2.3-3　黏性土的分类

名称	黏土	粉质黏土
塑性指数 I_p	$I_p > 17$	$10 < I_p \leq 17$

注：塑性指数计算采用的液限值为76g圆锥仪沉入土中10mm对应的含水率值。

4.2.4　在静水或缓慢的流水环境中沉积，天然含水率大于36%，且大于液限，天然孔隙比大于或等于1.0的黏性土应定名为淤泥性土，淤泥性土按表4.2.4进一步划分为淤泥质土、淤泥和流泥。

表 4.2.4 淤泥性土的分类

指标 \ 土的名称	淤泥质土	淤泥	流泥
孔隙比 e	$1.0 \leq e < 1.5$	$1.5 \leq e < 2.4$	$e \geq 2.4$
含水率 ω(%)	$36 \leq \omega < 55$	$55 \leq \omega < 85$	$\omega \geq 85$

注:①淤泥质土可根据塑性指数指标再划分为淤泥质黏土、淤泥质粉质黏土;

②当根据孔隙比和含水率分类不一致时按差的土确定。

4.2.5 土中有机质含量不小于 5% 时,可按现行国家标准《岩土工程勘察规范》(GB 50021)划分为有机质土、泥炭质土和泥炭。

4.2.6 由粗细两类土呈混合状态存在,具有颗粒级配不连续,中间粒组颗粒含量极少,级配曲线中间段极为平缓等特征的土应定名为混合土。定名时应将主要土类列在名称前部,次要土类列在名称后部,中间以“混”字联结。混合土按不同土类的含量可分为淤泥和砂的混合土、黏性土和砂或碎石的混合土,其分类方法应符合下列规定。

4.2.6.1 淤泥和砂的混合土可分为淤泥混砂或砂混淤泥。淤泥质量超过总质量的 30% 时为淤泥混砂,淤泥质量超过总质量 10% 且小于或等于总质量的 30% 时为砂混淤泥。

4.2.6.2 黏性土和砂或碎石的混合土可分为黏性土混砂或碎石、砂或碎石混黏性土。黏性土质量超过总质量的 40% 时定名为黏性土混砂或碎石;黏性土的质量大于 10% 且小于或等于总质量的 40% 时定名为砂或碎石混黏性土。

4.2.7 层状构造土定名时应将厚层土列在名称前部,薄层土列在名称后部,根据两类土层的厚度比可分为下列三类:

(1)互层土,具互层构造,两类土层厚度相差不大,厚度比一般大于 1∶3;

(2)夹层土,具夹层构造,两类土层厚度相差较大,厚度比 1∶3 ~ 1∶10;

(3)间层土,常呈黏性土间极薄层粉砂的特点,厚度比小于 1∶10。

4.2.8 花岗岩残积土可根据大于 2mm 的颗粒含量按表 4.2.8 分为黏性土、砂质黏性土和砾质黏性土。

表 4.2.8 花岗岩残积土分类

土的名称	黏性土	砂质黏性土	砾质黏性土
大于 2mm 颗粒百分含量 X(%)	$X < 5$	$5 \leq X \leq 20$	$X > 20$

4.2.9 填土根据其物质组成和堆填方式可分为下列三类:

(1)冲填土,由水力冲填的淤泥性土、砂土或粉土;

(2)素填土,由碎石类土、砂土、粉土、黏性土等堆积的填土;

(3)杂填土,含有建筑垃圾、工业废料或生活垃圾的填土。

4.2.10 碎石土的密实度可根据重型或超重型动力触探试验锤击数按表 4.2.10-1 或表 4.2.10-2 确定,$N_{63.5}$、N_{120} 的值应采用现场实测值按现行国家标准《岩土工程勘察规范》(GB 50021)的有关规定修正。碎石土密实度野外鉴别可按附录 E 执行。

表 4.2.10-1　碎石土密实度按 $N_{63.5}$ 分类

密实度	松散	稍密	中密	密实
重型动力触探试验击数 $N_{63.5}$	$N_{63.5}\leqslant 5$	$5 < N_{63.5}\leqslant 10$	$10 < N_{63.5}\leqslant 20$	$N_{63.5} > 20$

注：本表适用于平均粒径等于或小于 50mm，且最大粒径小于 100mm 的碎石土。

表 4.2.10-2　碎石土密实度按 N_{120} 分类

密实度	松散	稍密	中密	密实	很密
超重型动力触探试验击数 N_{120}	$N_{120}\leqslant 3$	$3 < N_{120}\leqslant 6$	$6 < N_{120}\leqslant 11$	$11 < N_{120}\leqslant 14$	$N_{120} > 14$

注：本表适用于平均粒径大于 50mm 或最大粒径大于 100mm 的碎石土。

4.2.11　砂土的密实度可根据标准贯入试验击数按表 4.2.11 判定。

表 4.2.11　砂土的密实度分类

密实度	松 散	稍 密	中 密	密 实	极密实
标准贯入试验击数 N	$N\leqslant 10$	$10 < N\leqslant 15$	$15 < N\leqslant 30$	$30 < N\leqslant 50$	$N > 50$

注：对地下水位以下的中砂、粗砂，其 N 值宜按实测锤击数增加 5 击计。

4.2.12　粉土的密实度和湿度可根据表 4.2.12-1 和表 4.2.12-2 进行判定。

表 4.2.12-1　粉土密实度按孔隙比分类

密实度	密实	中密	稍密
孔隙比 e	$e < 0.75$	$0.75\leqslant e\leqslant 0.90$	$e > 0.90$

注：当有经验时，也可用原位测试或其他方法划分粉土的密实度。

表 4.2.12-2　粉土湿度按含水率分类

湿　度	稍湿	湿	很湿
含水率 ω(%)	$\omega < 20$	$20\leqslant\omega\leqslant 30$	$\omega > 30$

4.2.13　黏性土状态应根据液性指数按表 4.2.13-1 确定，黏性土的天然状态可根据标准贯入试验击数或锥沉量分别按表 4.2.13-2 和表 4.2.13-3 确定。

表 4.2.13-1　黏性土的状态（按液性指数确定）

状态	流塑	软塑	可塑	硬塑	坚硬
液性指数 I_L	$I_L > 1$	$1\geqslant I_L > 0.75$	$0.75\geqslant I_L > 0.25$	$0.25\geqslant I_L > 0$	$I_L\leqslant 0$

表 4.2.13-2　黏性土的天然状态（按标准贯入试验击数确定）

天然状态	很软	软	中等	硬	坚硬
标准贯入试验击数 N	$N < 2$	$2\leqslant N < 4$	$4\leqslant N < 8$	$8\leqslant N < 15$	$N\geqslant 15$

表 4.2.13-3　黏性土的天然状态（按锥沉量确定）

天然状态	很软	软	中等	硬	坚硬
锥沉量 h(mm)	$h\geqslant 7$	$7 > h\geqslant 5$	$5 > h\geqslant 3$	$3 > h\geqslant 2$	$h < 2$

注：锥沉量为 76g 圆锥仪沉入土中的毫米数。

4.2.14　砂土颗粒组成特征应根据土的不均匀系数和曲率系数确定，当不均匀系数大于

等于 5 且曲率系数为 1 ~ 3 时,为级配良好的砂土。不均匀系数和曲率系数应按下列公式计算:

$$C_u = \frac{d_{60}}{d_{10}} \tag{4.2.14-1}$$

$$C_c = \frac{d_{30}^2}{d_{10} \times d_{60}} \tag{4.2.14-2}$$

式中 C_u——不均匀系数,表示级配曲线分布范围的宽窄;

d_{60}——限制粒径,在土的粒径分布曲线上的某粒径,小于该粒径的土粒质量为总土粒质量的 60% (mm);

d_{10}——有效粒径,在土的粒径分布曲线上的某粒径,小于该粒径的土粒质量为总土粒质量的 10% (mm);

C_c——曲率系数,表示级配曲线分布形态;

d_{30}——在土的粒径分布曲线上的某粒径,小于该粒径的土粒质量为总土粒质量的 30%。

4.2.15 软土可根据无侧限抗压强度试验或现场十字板剪切试验按表 4.2.15 进行灵敏性分类。软土的灵敏度可按式(4.2.15-1)或式(4.2.15-2)计算。

表 4.2.15 软土灵敏性的划分

灵敏度 S_t	灵敏性分类	灵敏度 S_t	灵敏性分类
$2 < S_t \leq 4$	中灵敏性	$8 < S_t \leq 16$	极灵敏性
$4 < S_t \leq 8$	高灵敏性	$S_t > 16$	流性

$$S_t = \frac{q_u}{q'_u} \tag{4.2.15-1}$$

$$S_t = \frac{c_u}{c'_u} \tag{4.2.15-2}$$

式中 S_t——软土的灵敏度;

q_u——原状土的无侧限抗压强度(kPa);

q'_u——重塑土的无侧限抗压强度(kPa);

c_u——原状土的十字板剪切强度(kPa);

c'_u——重塑土的十字板剪切强度(kPa)。

4.2.16 饱和状态的淤泥性土重度可按式(4.2.16-1)计算,也可根据饱和状态淤泥性土的天然含水率按式(4.2.16-2)估算。

$$\gamma = \frac{G_s(1 + 0.01\omega)}{1 + 0.01\omega G_s}\gamma_\omega \tag{4.2.16-1}$$

$$\gamma = 32.4 - 9.07\log\omega \tag{4.2.16-2}$$

式中 γ——土的重度(kN/m³);

G_s——土粒的比重;

ω——天然含水率(%);

γ_{ω}——水的重度(kN/m^3)。

4.3 岩土工程特性指标

4.3.1 地基土的工程特性指标应包括室内试验的强度特性指标、压缩性能指标、地下水水力学性能指标和静力触探、标准贯入、圆锥动力触探、载荷试验、现场十字板剪切试验等原位试验指标。

4.3.2 地基土工程特性指标的代表值应分别为标准值、平均值和特征值。抗剪强度指标应取标准值,压缩性指标应取平均值,载荷试验承载力应取特征值。

4.3.3 土的抗剪强度指标可采用原状土室内剪切试验、无侧限抗压强度试验或现场原位剪切试验、十字板剪切试验等方法测定。当采用室内剪切试验确定时,宜选择三轴压缩试验的不固结不排水试验,经过预压固结的地基土可采用固结不排水试验,主要土层的试样数量不得少于6组。在验算坡体的稳定性时,对于碎屑岩土、开山土石混合料、其他矿渣回填料和已有剪切破裂带或其他软弱结构带的抗剪强度宜进行野外大型剪切试验;对黏性土边坡,可沿剪切破裂带进行十字板剪切试验。

4.3.4 土的压缩性指标可采用原状土室内固结试验、原位浅层或深层平板载荷试验、旁压试验等确定,并应符合下列规定。

4.3.4.1 当采用室内固结试验确定压缩模量时,试验所施加的最大压力应超过土自重压力与预计的附加压力之和,试验成果用 $e \sim p$ 曲线表示。当考虑土的应力历史进行沉降计算时,应进行高压固结试验,并确定先期固结压力、压缩指数,试验成果用 $e \sim \lg p$ 曲线表示。为确定回弹指数应在估计的先期固结压力之后进行一次卸荷再继续加荷至预定的最后一级压力。

4.3.4.2 地基土的压缩性可按固结压力为100kPa、200kPa时相对应的压缩系数值 a_{1-2} 按下列规定进行压缩性评价:

(1)当 $a_{1-2} < 0.1\text{MPa}^{-1}$ 时为低压缩性土;

(2)当 $0.1\text{MPa}^{-1} \leq a_{1-2} < 0.5\text{MPa}^{-1}$ 时为中压缩性土;

(3)当 $a_{1-2} \geq 0.5\text{MPa}^{-1}$ 时为高压缩性土。

4.3.4.3 当考虑深基坑开挖卸荷和再加荷时,应进行回弹再压缩试验,其压力的施加应与实际的加卸荷状况一致。

4.3.5 地下水水力学性能指标可采用室内渗透试验或现场抽水试验、注水试验、压水试验等测定。根据土性不同,室内渗透试验可分别采用常水头试验或变水头试验。透水性差的软土也可通过固结试验测定的固结系数、体积压缩系数计算渗透系数。

4.3.6 根据静力触探试验结果可估算地基土的密实度、固结系数、渗透系数、地基承载力和单桩承载力,判定沉桩的可能性,进行地基土液化评价等。

4.3.7 根据标准贯入试验结果可判定砂土、粉土、黏性土的物理状态,估算土的强度、变形参数、地基承载力和单桩承载力,判别砂土和粉土的液化,判定沉桩的可能性等。

4.3.8 根据圆锥动力触探试验结果可评定地基土的均匀性和物理性质、土的强度、变形参数、地基承载力、单桩承载力等。

4.3.9 地基土层的承载力宜采用现场载荷试验确定。载荷试验包括浅层平板载荷试验和深层平板载荷试验。

4.3.10 土的固结系数可通过室内固结试验确定或利用已有沉降资料按附录 F 推算。对水平向和垂向渗透性相差较大的土层,宜分别测定水平向和垂向固结系数。必要时应采用现场渗透试验与室内压缩试验的成果确定。

4.3.11 饱和软黏土地基的稳定分析计算、软土加固效果检验、软弱地基破坏后滑动面位置和强度确定、软黏土的灵敏度测定可采用原位十字板剪切试验结果。

4.3.12 软土地基宜考虑次固结效应。

4.3.13 抗震设防烈度 6 度以上地区,当地基下存在饱和砂土或粉土时,应进行液化判别。对于存在液化土层的地基,应根据建筑物的抗震设防类别、地基液化等级,采取相应抗液化措施。

4.3.14 地基土动力特性试验,现场可采用剪切波速试验和标准贯入试验,室内宜进行振动三轴、共振柱等试验。

5　地基承载力

5.1　一般规定

5.1.1　本章适用于地基极限承载力验算，船闸、船坞的地基承载力验算应按现行行业标准执行。

5.1.2　条形基础的地基承载力验算可按平面问题考虑。

5.1.3　基础形状为条形以外的其他形状时，可按下列原则简化为相当的矩形：

(1)基础底面的重心不变；

(2)两个主轴的方向不变；

(3)面积相等；

(4)长宽比接近。

5.1.4　矩形基础的地基承载力验算，可将作用于基础的水平合力分解为平行于长边和短边的分力，分别按条形基础验算。

5.1.5　地基承载力验算时强度指标选取应符合下列规定。

5.1.5.1　持久状况宜采用直剪固结快剪强度指标或三轴固结不排水剪强度指标。

5.1.5.2　对饱和黏性土，应验算短暂状况的地基承载力。短暂状况宜用十字板剪切强度指标或三轴不固结不排水剪强度指标，有经验时可采用直剪快剪强度指标。

5.1.5.3　对于砂土和碎石土地基，强度指标宜根据原位测试结果、结合当地经验取值。

5.1.5.4　对开挖区，宜采用卸荷条件下进行试验的抗剪强度指标。

5.1.6　地基承载力验算时，对不计波浪力的建筑物，持久状况宜取极端低水位，短暂状况宜取设计低水位；对计入波浪力的建筑物应取水位与波浪力作用的最不利组合。

5.2　作用于计算面上的应力

5.2.1　验算地基承载力时，无抛石基床的水工建筑物应以建筑物结构底面为计算面；有抛石基床的水工建筑物基础应以抛石基床底面为计算面(图5.2.1)，抛石基床底面的计算宽度宜按下式计算：

$$B_e = B_1 + 2d \qquad (5.2.1)$$

式中　B_e——计算面宽度(m)；

B_1——建筑物底面即抛石基床顶面的实际受压宽度(m)，按现行行业标准《重力式码头设计与施工规范》(JTS 167—2)或

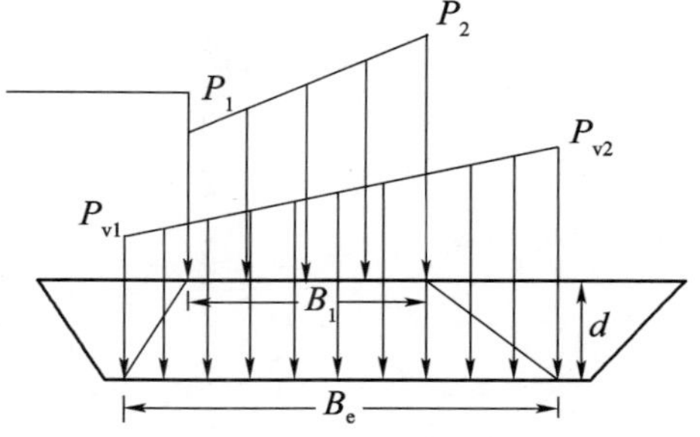

图5.2.1　计算面应力示意图

《防波堤设计与施工规范》(JTS 154—1)等有关规定确定；

d——抛石基床厚度(m)。

5.2.2 计算面的竖向应力可按线性分布考虑,其后端、前端的竖向应力可按下列公式确定(图5.2.1)：

$$p_{v1}=\frac{B_1}{B_e}p_1+\gamma d \tag{5.2.2-1}$$

$$p_{v2}=\frac{B_1}{B_e}p_2+\gamma d \tag{5.2.2-2}$$

式中 p_{v1}——计算面后端竖向应力标准值(kPa)；

B_1——建筑物底面即抛石基床顶面的实际受压宽度(m),按现行行业标准《重力式码头设计与施工规范》(JTS 167—2)或《防波堤设计与施工规范》(JTS 154—1)等有关规定确定；

B_e——计算面宽度(m)；

p_1、p_2——分别为建筑物底面后踵、前趾竖向应力标准值(kPa),按现行行业标准《重力式码头设计与施工规范》(JTS 167—2)或《防波堤设计与施工规范》(JTS 154—1)等有关规定确定；

γ——抛石体的重度标准值(kN/m³),水下用浮重度；

d——抛石基床厚度(m)；

p_{v2}——计算面前端竖向应力标准值(kPa)。

5.2.3 计算面合力的倾斜率可按下式计算：

$$\tan\delta=\frac{H_k}{V_k} \tag{5.2.3}$$

式中 δ——作用于计算面上的合力方向与竖向的夹角(°)；

H_k——作用于计算面以上的水平合力标准值(kN/m),对重力式码头 H_k 应包括基床厚度范围内的主动土压力,对直立式防波堤可不计土压力；

V_k——作用于计算面上的竖向合力标准值(kN/m)。

5.3 验算方法

5.3.1 地基承载力应按极限状态验算,并应结合原位测试结果和实践经验综合确定。对岩石、碎石、砂土等非黏性土地基或安全等级为三级的建筑物亦可按附录G确定。

5.3.2 地基承载力应按下述极限状态设计表达式验算：

$$\gamma_0 V_d\leqslant\frac{1}{\gamma_R}F_k \tag{5.3.2}$$

式中 γ_0——重要性系数,安全等级为一级、二级、三级的建筑物分别取1.1、1.0、1.0；

V_d——作用于计算面上竖向合力的设计值(kN/m)；

γ_R——抗力分项系数；

F_k——计算面上地基承载力的竖向合力标准值(kN/m)。

5.3.3 抗力分项系数应综合考虑强度指标的可靠性、结构安全等级和地基土情况等因素，其计算的最小值应符合表5.3.3的规定。

表5.3.3 各种计算情况采用的抗剪强度指标及对应的抗力分项系数范围

设计状况	强度指标	抗力分项系数 γ_R	说明
持久状况	直剪固结快剪或三轴固结不排水剪	2.0~3.0	—
短暂状况	十字板剪或三轴不固结不排水剪	1.5~2.0	有经验时可采用直剪快剪

注：①持久状况时：安全等级为一、二级的建筑物取较高值，安全等级为三级的建筑物取较低值；以黏性土为主的地基取较高值，以砂土为主的地基取较低值，基床较厚取高值；

②短暂状况时，由砂土和饱和软黏土组成的非均质地基取高值，以波浪力为主导可变作用时取较高值。

5.3.4 作用于计算面上竖向合力的设计值 V_d 可按下式计算：

$$V_d = \gamma_s V_k \tag{5.3.4}$$

式中 V_d——作用于计算面上竖向合力的设计值(kN/m)；

γ_s——作用综合分项系数，可取1.0；

V_k——作用于计算面上竖向合力的标准值(kN/m)。

5.3.5 地基承载力的竖向合力标准值可按下述方法计算：

(1)将计算宽度分成 M 个小区间 $[b_{j-1}, b_j]$ $(j=1,2\cdots M)$(图5.3.5)：

$$b_j = j\Delta B \quad (j=0,1,2\cdots M) \tag{5.3.5-1}$$

式中 b_j——小区间分点坐标(m)，$b_0=0$；

ΔB——小区间宽度(m)，$\Delta B = \frac{B_e}{M}$，B_e 为计算面宽度；

P_{z1} $P_z(b_j^*)$ P_{v2}^* $P_v^*(b_j^*)$ P_{v1}^* P_{z2} b_M b_j b_{j-1} 0

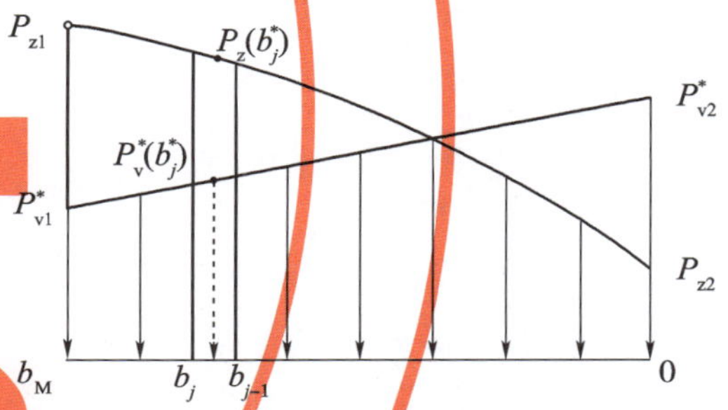

图5.3.5 地基承载力的竖向合力计算示意图

(2)地基承载力竖向合力标准值按下列公式计算：

$$F_k = \sum_{j=1}^{M} \min\{p_z(b_j^*), p_v(b_j^*)\}\Delta B \tag{5.3.5-2}$$

$$p_v^*(b_j^*) = K^* p_v(b_j^*) \tag{5.3.5-3}$$

$$K^* = P_z / V_d \tag{5.3.5-4}$$

$$P_z = \sum_{j=1}^{M} p_z(b_j^*)\Delta B \tag{5.3.5-5}$$

式中 F_k——地基承载力的竖向合力标准值(kN/m)；

$p_z(b_j^*)$——$[b_{j-1}, b_j]$ 极限承载力竖向应力的平均值(kPa)；

$p_v(b_j^*)$——作用于 $[b_{j-1}, b_j]$ 竖向应力的平均值(kPa)；

ΔB——小区间宽度(m)，$\Delta B = \frac{B_e}{M}$，B_e 为计算面宽度；

K^*——极限承载力竖向合力的标准值与竖向合力设计值的比值；

P_z——计算面上极限承载力竖向合力的标准值(kN/m)；

V_d——作用于计算面上竖向合力的设计值(kN/m)。

5.3.6 均质土地基、均布边载的极限承载力竖向应力应对 $\varphi>0$ 和 $\varphi=0$ 分别计算,并应符合下列规定。

5.3.6.1 当 $\varphi>0$ 时,$[b_{j-1},b_j]$ 极限承载力竖向应力的平均值宜按下列公式计算:

$$p_z(b_j^*)=0.5\gamma_k(b_j+b_{j-1})N_\gamma+q_kN_q+c_kN_c\ (j=1,2\cdots\cdots M) \tag{5.3.6-1}$$

$$N_c=\left\{\exp\left[\left(\frac{\pi}{2}+2\bar{\alpha}-\bar{\varphi}_k\right)\tan\varphi_k\right]\tan^2\left(45^\circ+\frac{\varphi_k}{2}\right)\frac{1+\sin\varphi_k\sin(2\alpha-\varphi_k)}{1+\sin\varphi_k}-1\right\}/\tan\varphi_k \tag{5.3.6-2}$$

$$N_q=N_c\tan\varphi_k+1 \tag{5.3.6-3}$$

$$\begin{aligned}N_\gamma&=f(\lambda,\tan\varphi_k,\tan\delta')\\&\approx1.25\{(N_q+0.28+\tan\delta')\tan[\varphi_k-0.72\delta'(0.9455+0.55\tan\delta')]\}\\&\quad\left[1+\frac{1}{\sqrt{1+0.8[\tan\varphi_k-0.7(1-\tan\delta')]+(\tan\varphi_k-\tan\delta')\lambda}}\right]\end{aligned} \tag{5.3.6-4}$$

$$\tan\left(\alpha-\frac{\varphi_k}{2}\right)=\frac{\sqrt{1-(\tan\delta'/\tan\varphi_k)^2}-\tan\delta'}{1+\dfrac{\tan\delta'}{\sin\varphi_k}} \tag{5.3.6-5}$$

$$\tan\delta'=\frac{\gamma_hH_k}{V_k+B_ec_k/\tan\varphi_k} \tag{5.3.6-6}$$

$$\lambda=\gamma_kB_e/(c_k+q_k\tan\varphi_k) \tag{5.3.6-7}$$

式中 $p_z(b_j^*)$——$[b_{j-1},b_j]$ 极限承载力竖向应力的平均值(kPa);

γ_k——计算面以下土的重度标准值(kN/m^3),可取均值,水下用浮重度;

b_j——小区间分点坐标(m),$b_0=0$;

N_γ、N_q、N_c——为地基土处于极限状态下的承载力系数,可计算确定或按附录 H 取值;

q_k——计算面以上边载的标准值(kPa);

c_k——黏聚力标准值(kPa);

$\bar{\alpha}$、$\bar{\varphi}_k$——以弧度表示的 α、φ_k;

φ_k——内摩擦角标准值(°),可取均值;

α、δ'、λ——计算参数;

γ_h——水平抗力分项系数,取 1.3;

H_k——作用于计算面以上的水平合力标准值(kN/m);

V_k——作用于计算面上竖向合力的标准值(kN/m);

B_e——计算面宽度(m)。

5.3.6.2 当 $\varphi=0$ 时,计算面内 $[b_{j-1},b_j]$ 极限承载力竖向应力的平均值宜按下列公式计算:

$$p_z(b_j^*)=q_k+c_{uk}N_s\ (j=1,2\cdots M) \tag{5.3.6-8}$$

$$N_s=0.5(\pi+2)+2\tan^{-1}\sqrt{\frac{1-\kappa}{1+\kappa}}+\sqrt{1-\kappa^2} \tag{5.3.6-9}$$

$$\kappa=\gamma_{h}H_{k}/(B_{e}c_{uk}) \tag{5.3.6-10}$$

式中 $p_{z}(b_{j}^{*})$——$[b_{j-1},b_{j}]$极限承载力竖向应力的平均值(kPa)；

q_{k}——计算面以上边载的标准值(kPa)；

N_{s}——承载力系数；

c_{uk}——地基土的十字板剪切强度标准值(kPa)，可取均值；

B_{e}——计算面宽度(m)；

κ——由式(5.3.6-10)确定的计算参数；

H_{k}——作用于计算面以上的水平合力标准值(kN/m)；

γ_{h}——水平抗力分项系数，取1.3。

5.3.7 受力层由多层土组成，各土层的抗剪强度指标相差不大且边载变化不大时，可采用加权平均的强度指标和重度，按5.3.6条计算。受力层的最大深度可按下式计算：

$$Z_{max}=B_{e}\exp(\varepsilon\tan\varphi_{k})\sin\varepsilon\exp\left(-\frac{0.87\lambda^{0.75}}{4.8+\lambda^{0.75}}\right) \tag{5.3.7-1}$$

$$\varepsilon=\frac{\pi}{4}+\frac{\overline{\varphi_{k}}}{2}-\frac{\overline{\delta'}}{2}-\frac{1}{2}\sin^{-1}\left(\frac{\sin\delta'}{\sin\varphi_{k}}\right) \tag{5.3.7-2}$$

式中 Z_{max}——受力层的最大深度(m)，计算时先假定Z_{max}，根据假定的Z_{max}及各土层厚度计算加权平均γ_{k}、c_{k}、φ_{k}，代入式(5.3.7-1)计算Z_{max}直至计算与假定的Z_{max}基本相等为止；

B_{e}——计算面宽度(m)；

ε——由式(5.3.7-2)确定的计算参数；

φ_{k}——内摩擦角标准值(°)，可取均值；

δ'、λ——计算参数，分别按式(5.3.6-6)、式(5.3.6-7)确定；

$\overline{\varphi_{k}}$——内摩擦角标准值(弧度)；

$\overline{\delta'}$——以弧度表示的δ'。

5.3.8 非均质土地基计算面内$[b_{j-1},b_{j}]$极限承载力竖向应力可采用对数螺旋滑动面按条分法计算，计算图示见图5.3.8，并应符合下列规定。

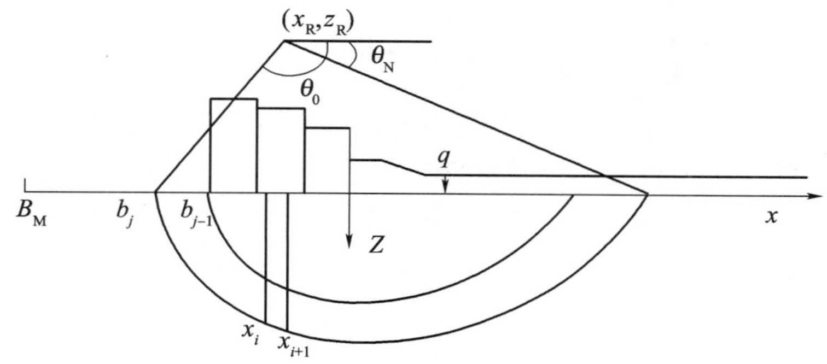

图5.3.8 极限承载力竖向应力计算示意图

5.3.8.1 采用直剪固结快剪指标时，$[b_{j-1},b_{j}]$上的极限承载力竖向应力宜按下列公式计算：

$$p_z(b_j^*) = \{\sum_i [w_i(x_i^* - x_R) + c_{Fi}((h_i^* - z_R)(x_i - x_{i-1}) - (x_i^* - x_R)(h_i - h_{i-1}))] + \sum_{i=1}^{j-1}(b_i^* - x_R + z_R\tan\delta)p_z(b_i^*)\Delta B\}/(x_R - b_j^* - z_R\tan\delta)/\Delta B \quad (j=1,2\cdots M) \tag{5.3.8-1}$$

$$b_j^* = -0.5(b_{j-1} + b_j) \tag{5.3.8-2}$$

$$\left.\begin{aligned} x_i^* &= 0.5(x_{i-1} + x_i) \\ h_i^* &= 0.5(h_{i-1} + h_i) \end{aligned}\right\} \quad i=1,2\cdots \tag{5.3.8-3}$$

$$\left.\begin{aligned} x_i - x_R &= R_i\exp(-F_{\varphi i}\overline{\theta}_i)\cos\theta_i \\ h_i - z_R &= R_i\exp(-F_{\varphi i}\overline{\theta}_i)\sin\theta_i \\ \theta_i &= \theta_0 - i\Delta\theta \end{aligned}\right\} \quad i=0,1,2\cdots \tag{5.3.8-4}$$

$$R_{i+1} = R_i\exp[(F_{\varphi i+1} - F_{\varphi i})\overline{\theta}_i] \tag{5.3.8-5}$$

$$R_0 = \sqrt{(x_R + b_j)^2 + z_R^2}\exp(F_{\varphi 0}\overline{\theta}_0) \tag{5.3.8-6}$$

$$\tan\theta_0 = \frac{z_R}{x_R + b_j} \tag{5.3.8-7}$$

$$\left.\begin{aligned} c_{Fi} &= c_{ki}/(1.09 + 0.06\tan\delta) \\ F_{\varphi i} &= \tan\varphi_{ki}/(1.05 + 0.06\tan\delta) \end{aligned}\right\} \tag{5.3.8-8}$$

式中 $p_z(b_j^*)$——$[b_{j-1}, b_j]$极限承载力竖向应力的平均值(kPa);

w_i——包括边载(q_i)在内的第 i 土条重力标准值(kN/m);

x_i^*、h_i^*——第 i 土条滑动面上中点坐标值(m);

x_R、z_R——使 $p_z(b_j^*)$ 为极小值的对数螺旋面极点水平、垂直坐标值(m);

x_i、h_i——第 i 土条滑动面上的坐标值(m),$x_0 = -b_j$,$h_0 = 0$;

b_j——小区间分点坐标(m),由式(5.3.5-1)确定;

θ_i——滑动面上第 i、$i+1$ 土条分点和螺旋面极点的连线与水平线的夹角(°)(如图5.3.8:以(x_R、z_R)为极点的极坐标下极角);

ΔB——小区间宽度(m),$\Delta B = \frac{B_e}{M}$,B_e 为计算面宽度;

$\overline{\theta}_i$——以弧度表示的 θ_i;

$\Delta\theta$——表征第 i 土条宽度的极角增量,可根据计算精度要求适当选取;

c_{ki}——第 i 土条滑动面上的黏聚力标准值(kPa),可取均值;

φ_{ki}——第 i 土条滑动面上的内摩擦角标准值(°),可取均值;

δ——作用于计算面上的合力方向与竖向的夹角(°)。

5.3.8.2 采用不排水抗剪强度指标时,$[b_{j-1}, b_j]$上的极限承载力竖向应力仍按第5.3.8.1款计算,但相应土体的强度指标应采用十字板剪切强度或其他总强度标准值取代。

5.4 提高地基承载力的技术措施

5.4.1 提高地基承载力可采取下列措施:

(1)减小水平力和合力的偏心矩；

(2)调整基础宽度；

(3)调整边载或基础埋深；

(4)调整抛石基床厚度；

(5)加固地基。

5.4.2　对开挖暴露后承载力易降低的岩基应提出保护要求。

6 土坡和地基稳定

6.1 一 般 规 定

6.1.1 本章可用于黏性土、其他土类及其组成的土坡和地基稳定的设计。

6.1.2 根据地质条件和土的物理力学指标基本相同的原则,场地应划分为若干区段,统计土性指标进行稳定验算。

6.1.3 持久状况的土坡和地基稳定性验算,应取对稳定最不利的设计水位。有波浪力作用的建筑物地基应考虑不同水位与波浪力的最不利组合。有渗流时,应考虑渗流作用对土坡和地基稳定性的影响。

6.1.4 可能出现较大水位差、较大临时超载、较陡挖方边坡等不利情况时应按短暂状况验算其稳定性。其对应的水位,应取对稳定最不利的水位或按有关规范的规定确定。打桩前应验算打桩时的岸坡稳定性。水位有骤降情况时,应考虑骤降对土坡稳定的影响。

6.2 抗剪强度指标

6.2.1 持久状况的土坡和地基稳定验算时,土的抗剪强度宜采用直剪固结快剪或三轴固结不排水剪切强度指标,也可采用十字板剪切强度指标、无侧限抗压强度指标、三轴不固结不排水剪切强度指标;有条件时可采用有效剪强度指标;有经验时也可采用直剪快剪强度指标。

6.2.2 短暂状况的土坡和地基稳定验算时,土的抗剪强度宜采用十字板剪切强度指标、无侧限抗压强度指标、三轴不固结不排水剪切强度指标;有经验时也可采用直剪快剪强度指标。

6.2.3 采用直剪固结快剪强度或三轴固结不排水剪切强度指标时,应采用与计算情况相适应的应力固结度;采用有效剪强度指标时,应采用与计算情况相适应的孔隙水压力。采用十字板剪切强度指标、无侧限抗压强度指标、三轴不固结不排水剪切强度指标时,可考虑土体固结引起的强度增长。

6.2.4 有效剪强度指标宜用量测孔隙水压力的三轴固结不排水剪切试验测定,也可用直剪仪进行慢剪试验测定。

6.2.5 开挖区的土坡和地基稳定验算宜采用卸荷条件下进行试验的抗剪强度指标。

6.3 土坡和地基稳定的验算

6.3.1 土坡和条形基础的地基稳定验算,可按平面问题考虑,采用复合滑动面法、简单条分法或简化毕肖普法。验算方法可采用总应力法或有效应力法。

6.3.2 土坡和地基的稳定性验算,其危险滑动面均应满足以下极限状态设计表达式:

$$\gamma_0 M_{sd} \leqslant \frac{1}{\gamma_R} M_{Rk} \tag{6.3.2}$$

式中 γ_0——重要性系数,安全等级为一级、二级、三级的建筑物,分别取1.1、1.0、1.0;

M_{sd}——作用于危险滑动面上滑动力矩的设计值(kN·m/m);

γ_R——抗力分项系数;

M_{Rk}——危险滑动面上抗滑力矩的标准值(kN·m/m)。

6.3.3 土坡和地基的稳定性验算采用复合滑动面法时,计算图示见图6.3.3,并应符合下列规定。

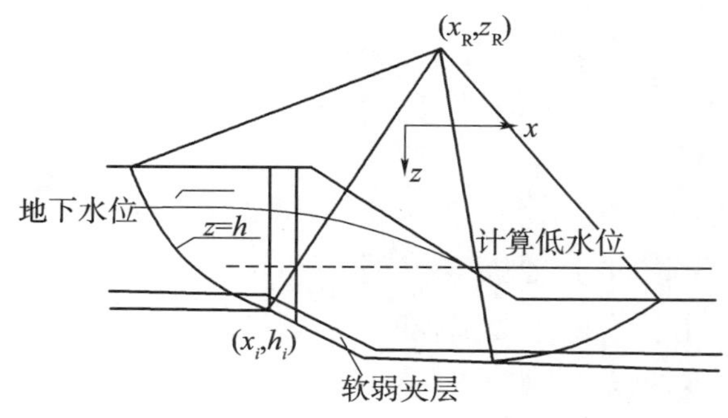

图6.3.3 复合滑动面法计算图示

6.3.3.1 采用直剪固结快剪指标时,土坡和地基的稳定性可按下列公式计算:

$$M_{sd} = \gamma_s [\sum (h_i - z_R)(W_{ki} + q_{ki} b_i) h'_i + M_p] \tag{6.3.3-1}$$

$$M_{Rk} = \sum (h_i - z_R)[(W_{Aki} + q_{ki} b_i) U_i \tan\varphi_{ki} + W_{Bki} \tan\varphi_{ki} + c_{ki} b_i](1 + g_i) \tag{6.3.3-2}$$

$$g_i = -h'_i \frac{x_i - x_R}{h_i - z_R} + \left[h'_i - F_{\varphi i} + (1 + h'_i F_{\varphi i}) \frac{x_i - x_R}{h_i - z_R}\right] \frac{2h'_i - F_{\varphi i} + h'^2_i F_{\varphi i}}{(1 + F^2_{\varphi i})(1 + h'^2_i)} \tag{6.3.3-3}$$

$$F_{\varphi i} = \tan\varphi_{ki} / \gamma_R \tag{6.3.3-4}$$

式中 M_{sd}——作用于危险滑动面上滑动力矩的设计值(kN·m/m);

γ_s——综合分项系数,可取1.0;

x_i、h_i——第 i 土条滑动面上中点的水平、垂直坐标值(m);

x_R、z_R——取矩点的水平、垂直坐标值(m);

W_{ki}——第 i 土条重力标准值(kN/m),可取均值,零压线以下用浮重度计算;当有渗流时,计算低水位以上零压线以下用饱和重度计算;

q_{ki}——第 i 土条顶面作用的可变作用标准值(kN/m^2),应按现行行业标准《港口工程荷载规范》(JTS 144—1)确定;

b_i——第 i 土条宽度(m);

h'_i——第 i 土条滑动面上中点的滑动面一阶导数值;

M_p——其他原因,如作用于直立式防波堤的波浪力标准值引起的滑动力矩(kN·m/m);

M_{Rk}——危险滑动面上抗滑力矩的标准值(kN·m/m);

$W_{\mathrm{A}ki}$——第 i 土条填土重力标准值(kN/m),可取均值,零压线以下用浮重度计算;

U_i——第 i 土条滑动面上的应力固结度;

φ_{ki}、c_{ki}——分别为第 i 土条滑动面上的固结快剪内摩擦角(°)和黏聚力(kPa)标准值,可取均值;

$W_{\mathrm{B}ki}$——第 i 土条原地基土重力标准值(kN/m),可取均值,零压线以下用浮重度计算;

γ_{R}——抗力分项系数。

6.3.3.2 土坡和地基稳定验算采用有效应力法时,其 M_{sd} 仍可按式(6.3.3-1)计算,M_{Rk} 可按下列公式计算:

$$M_{\mathrm{Rk}} = \sum (h_i - z_{\mathrm{R}})\left[(W_{ki} + q_{ki}b_i - u_{ki}b_i)\tan\varphi'_{ki} + c'_{ki}b_i\right](1 + g_i) \qquad (6.3.3\text{-}5)$$

$$g_i = -h'_i \frac{x_i - x_{\mathrm{R}}}{h_i - z_{\mathrm{R}}} + \left[h'_i - F_{\varphi i} + (1 + h'_i F_{\varphi i})\frac{x_i - x_{\mathrm{R}}}{h_i - z_{\mathrm{R}}}\right]\frac{2h'_i - F_{\varphi i} + h'^2_i F_{\varphi i}}{(1 + F^2_{\varphi i})(1 + h'^2_i)} \qquad (6.3.3\text{-}6)$$

$$F_{\varphi i} = \tan\varphi'_{ki}/\gamma_{\mathrm{R}} \qquad (6.3.3\text{-}7)$$

式中 M_{Rk}——危险滑动面上抗滑力矩的标准值(kN·m/m);

x_i、h_i——第 i 土条滑动面上中点的水平、垂直坐标值(m);

x_{R}、z_{R}——取矩点的水平、垂直坐标值(m);

W_{ki}——第 i 土条重力标准值(kN/m),可取均值,零压线以下用浮重度计算;

q_{ki}——为第 i 土条顶面作用的可变作用标准值(kN/m^2),应按现行行业标准《港口工程荷载规范》(JTS 144—1)确定;

b_i——第 i 土条宽度(m);

u_{ki}——第 i 土条滑动面上的孔隙水压力标准值(kPa),可取均值;

φ'_{ki}、c'_{ki}——分别为第 i 土条滑动面上的有效剪内摩擦角(°)和黏聚力(kPa)标准值,可取均值;

h'_i——第 i 土条滑动面上中点的滑动面一阶导数值;

γ_{R}——抗力分项系数。

6.3.3.3 当采用十字板剪切或三轴不固结不排水剪切等总强度时,M_{sd}、M_{Rk} 可按第6.3.3.1款计算,但相应土体的强度指标应采用十字板剪切强度或其他总强度指标取代,且 $U_i = 1.0$,并可考虑因土体固结引起的强度增长。

6.3.3.4 根据土坡和地基情况应采用圆弧面或其他相适应的滑动面,均应满足下列要求:

(1)采用圆弧面时,式(6.3.3-3)中的 g_i 由下式取代:

$$g_i = \frac{(h'_i - F_{\varphi i})^2}{1 + F^2_{\varphi i}} \qquad (6.3.3\text{-}8)$$

式中 h'_i——第 i 土条滑动面上中点的滑动面一阶导数值。

(2)有软土夹层或倾斜岩面等情况时,采用圆弧面 ~ 软土夹层底面或倾斜岩面 ~ 圆弧面。

6.3.4 土坡和地基的稳定性验算采用简单条分法或简化毕肖普法时,滑动力矩设计值可按式(6.3.3-1)计算,抗滑力矩标准值计算应符合下列规定。

6.3.4.1 采用固结快剪指标时,M_{Rk}可按下式计算:

$$M_{Rk}=\sum(h_i-z_R)[(W_{Aki}+q_{ki}b_i)U_i\tan\varphi_{ki}+W_{Bki}\tan\varphi_{ki}+c_{ki}b_i(1+h'^2_i)] \quad (6.3.4\text{-}1)$$

式中 M_{Rk}——危险滑动面上抗滑力矩的标准值(kN·m/m);

h_i——第 i 土条滑动面上中点的垂直坐标值(m);

z_R——圆心的垂直坐标值(m);

W_{Aki}——第 i 土条填土重力标准值(kN/m),可取均值,零压线以下用浮重度计算;

q_{ki}——为第 i 土条顶面作用的可变作用标准值(kN/m²);

b_i——第 i 土条宽度(m);

U_i——第 i 土条滑动面上的应力固结度;

φ_{ki}、c_{ki}——分别为第 i 土条滑动面上的固结快剪内摩擦角(°)和黏聚力(kPa)标准值,可取均值;

W_{Bki}——第 i 土条原地基土重力标准值(kN/m),可取均值,零压线以下用浮重度计算;

h'_i——第 i 土条滑动面上中点的滑动面一阶导数值。

6.3.4.2 当采用十字板剪切或三轴不固结不排水剪切等总强度时,M_{Rk}可按第6.3.4.1款计算,但相应土体的强度指标应采用十字板剪切强度或其他总强度指标取代,且 $U_i=1.0$,并可考虑因土体固结引起的强度增长。

6.3.4.3 当饱和软黏土较深厚且十字板剪切强度随深度增长规律明显,可参照附录J的方法回归土的抗剪强度指标(c、φ),采用简单条分法验算土坡稳定。

6.3.4.4 有条件采用有效应力法验算圆弧滑动稳定性时,滑动力矩的设计值可按式(6.3.3-1)计算。滑动面上的抗滑力矩 M_{Rk} 的标准值可按下式计算:

$$M_{Rk}=\sum(h_i-z_R)[(W_{ki}+q_{ki}b_i-u_ib_i)\tan\varphi'_{ki}+c'_{ki}b_i]\frac{1+h'^2_i}{1+h'_i\tan\varphi_{ki}/\gamma_R} \quad (6.3.4\text{-}2)$$

式中 M_{Rk}——危险滑动面上抗滑力矩的标准值(kN·m/m);

h_i——第 i 土条滑动面上中点的垂直坐标值(m);

z_R——圆心的垂直坐标值(m);

W_{ki}——第 i 土条重力标准值(kN/m),可取均值,零压线以下用浮重度计算;

q_{ki}——为第 i 土条顶面作用的可变作用标准值(kN/m²);

b_i——第 i 土条宽度(m);

u_i——第 i 土条滑动面上的孔隙水压力标准值(kPa);可取均值;

φ'_{ki}、c'_{ki}——分别为第 i 土条滑动面上的有效剪内摩擦角(°)和黏聚力(kPa)标准值,可取均值;

h'_i——第 i 土条滑动面上中点的滑动面一阶导数值;

φ_{ki}——第 i 土条滑动面上的固结快剪内摩擦角(°)标准值,可取均值;

γ_R——抗力分项系数。

6.3.5 对各设计状况,稳定性验算采用的强度指标、计算公式可按表6.3.5采用。

表 6.3.5　不同设计状况和强度指标对应的稳定性计算公式

设计状况	强度指标	M_{sd}、M_{Rk}计算公式	说明
持久状况	直剪固结快剪或三轴固结不排水剪	第 6.3.3.1 款 第 6.3.4.1 款	应力固结度与计算情况相适应
	有效剪	第 6.3.3.2 款 第 6.3.4.4 款	孔隙水压力采用与计算情况相应数值
	十字板剪	第 6.3.3.3 款 第 6.3.4.2 款	考虑因土体固结引起的强度增长
	无侧限抗压强度、三轴不固结不排水剪	第 6.3.3.3 款 第 6.3.4.2 款	
短暂状况	十字板剪	第 6.3.3.3 款 第 6.3.4.2 款	可考虑因土体固结引起的强度增长
	无侧限抗压强度、三轴不固结不排水剪	第 6.3.3.3 款 第 6.3.4.2 款	
	直剪快剪	第 6.3.3.3 款 第 6.3.4.2 款	—

6.3.6　对有桩的土坡和地基,稳定性验算可不计入桩的抗滑作用。

6.3.7　验算有波浪力作用的直立式建筑物地基稳定性时,应计入波浪力的作用,透水式斜坡堤可不考虑波浪力的作用。

6.3.8　当验算局部有较大荷载、滑动范围受限制或局部有软土层的局部范围的稳定时,可计入滑动体侧面摩阻对抗滑力矩标准值的影响,抗力分项系数可按附录 K 进行修正。

6.4　抗力分项系数

6.4.1　持久状况计算应综合考虑强度指标的可靠性、结构安全等级和地区经验等因素,抗力分项系数最小值应满足表 6.4.1 的要求;施工期的稳定性等短暂状况计算,最小抗力分项系数最小值宜取表 6.4.1 中的低值,但验算打桩岸坡的稳定性,宜取较高值。

表 6.4.1　抗力分项系数 γ_R

强度指标	M_{sd}、M_{Rk}计算公式	γ_R	说明
直剪固结快剪或三轴固结不排水剪	第 6.3.3.1 款	黏性土坡 1.2 ~ 1.4	应力固结度与计算情况相适应
		其他土坡 1.3 ~ 1.5	
	第 6.3.4.1 款	1.1 ~ 1.3	
有效剪	第 6.3.3.2 款 第 6.3.4.4 款	1.3 ~ 1.5	孔隙水压力采用与计算情况相应数值
十字板剪	第 6.3.3.3 款	1.2 ~ 1.4	考虑因土体固结引起的强度增长
	第 6.3.4.2 款	1.1 ~ 1.3	
无侧限抗压强度、三轴不固结不排水剪	第 6.3.3.3 款	根据经验取值	
	第 6.3.4.2 款		
直剪快剪	第 6.3.3.3 款	根据经验取值	—
	第 6.3.4.2 款		

6.4.2 当拟建工程附近有滑坡，且两处土层和土质基本相同、土坡高度及坡度相近时，当已查明滑坡时的各项条件、滑坡工程处于极限状态的抗力分项系数，可用对比法设计拟建工程的坡度。拟建工程土坡的 M_{Rk}/M_{sd}应比曾有滑坡工程处于极限状态的 M_{Rk}/M_{sd}增大20% ~30%。

6.4.3 当拟建工程附近有与设计土坡坡度相同或较陡的稳定坡，两处土层和土质基本相同、土坡高度相近且稳定坡计算的 M_{Rk}/M_{sd}小于表 6.4.1 中抗力分项系数的低值，可用对比法设计拟建工程的坡度。拟建工程的土坡的抗力分项系数应稍大于现有稳定坡的抗力分项系数。

6.5 保证土坡稳定的技术措施

6.5.1 设计应提出施工期间保证土坡和地基稳定的施工措施和技术要求。

6.5.2 设计应根据具体情况选用放缓坡度、铺设排水垫层、铺设土工合成材料加筋垫层、设置竖向排水通道、设置减载平台和分期施加荷载等措施保证施工期和使用期土坡和地基稳定。

6.5.3 设计应对加载、基坑开挖工程提出控制要求，并按相关规范要求提出地基和土坡稳定监测、检测内容和监测控制指标。

6.5.4 对灵敏度较高的软土，设计应充分考虑加载扰动对强度降低的影响。

7 地 基 沉 降

7.1 一般规定

7.1.1 本章适用于计算由永久作用和可变作用引起的地基沉降。当建筑物对差异沉降敏感时,尚应计算差异沉降。计算中应考虑天然地基的固结状态对地基沉降量的影响。

7.1.2 地基沉降计算应根据地质条件、土层的压缩性、地基排水条件、建筑物断面、荷载大小及加载过程均基本相同的原则,将地基划分为若干代表性区段分别计算。每一区段应取代表性断面作为计算断面。在每一计算断面内,计算点的位置应根据基础及上部结构的特点确定。对条形基础,可选取基础短边两端及中点作为计算点。

7.1.3 地基沉降应计算持久状况下的最终沉降量。设计作用组合应采用持久状况正常使用极限状态的准永久组合,永久作用应采用标准值,可变作用应采用准永久值。水工建筑物沉降计算水位宜采用设计低水位,后方陆域部分沉降计算水位可结合勘察报告根据地区经验选用。非正常固结情况下,应考虑前期固结压力的影响。

7.1.4 在地基沉降计算中,永久作用分项系数可取1.0,可变作用的准永久值系数可取0.6。堆场地基沉降计算时可根据设计经验进行取值。

7.1.5 地基最终沉降量计算宜采用分层总和法。有实际观测资料的工程可由实测沉降过程线采用经验公式法推算。

7.1.6 在天然地基处于超固结的情况下,自重应力至先期固结压力区段应按回弹再压缩的压缩曲线计算沉降量;天然地基处于欠固结的情况下,应将先期固结压力位置作为沉降计算的起点。欠固结应力应分层按下式计算:

$$p_i = \sum_i \gamma_i h_i - p_{ci} \tag{7.1.6}$$

式中 p_i——由于欠固结作用,在第 i 层土产生的欠固结应力(kPa);

γ_i——第 i 土层的重度,地下水位以下用浮重度(kN/m³);

h_i——第 i 土层的厚度(m);

p_{ci}——第 i 层的先期固结压力(kPa)。

7.2 地基沉降量计算

7.2.1 地基内任一点的垂直附加应力(图7.2.1)设计值应为基底垂直附加压力、基底水平力和边载所引起的垂直附加应力设计值和欠固结应力之和,其计算应符合下列规定。

7.2.1.1 基底垂直附加压力的设计值应为基底压力设计值与基底面上自原地面算起的自重压力设计值之差。

7.2.1.2 基底水平力设计值可按均布考虑。

7.2.1.3 边载设计值的分布范围超过自基底边缘算起的5倍基底宽度时,可按5倍计;不足5倍时,应按实际分布范围计。

7.2.1.4 计算各种作用引起的垂直附加应力设计值时所需的附加压力系数可按附录L选取。

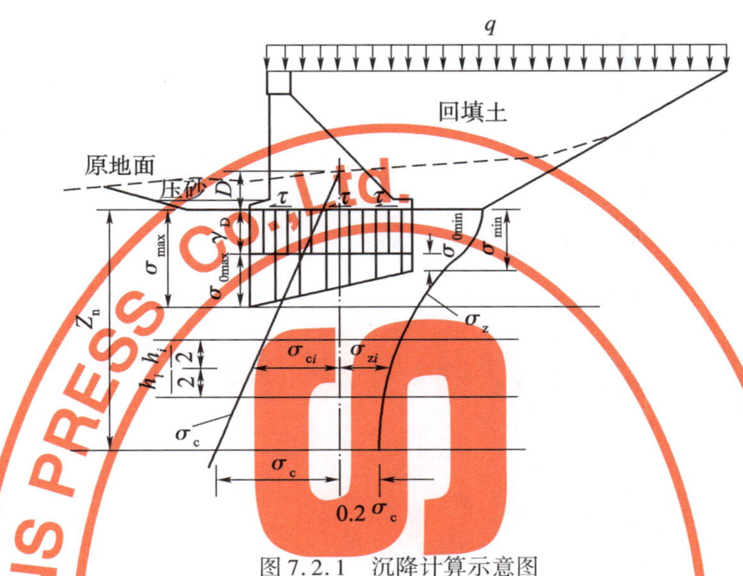

图7.2.1 沉降计算示意图

D-基础埋深;γ-土的重度;σ-基底应力;σ_0-基底垂直附加应力;τ-基底水平力;σ_c-由原地面算起的土的自重应力;σ_z-地基内某一点的垂直附加应力;Z_n-计算深度

7.2.2 地基最终沉降量应按细粒土地基、粗粒土地基和复合地基不同的地基土情况,按下列规定分别计算。

7.2.2.1 细粒土地基最终沉降量可按下式计算:

$$S_{d\infty}=m_s\sum\frac{e_{1i}-e_{2i}}{1+e_{1i}}h_i \quad (7.2.2)$$

式中 $S_{d\infty}$——地基最终沉降量设计值(cm);

m_s——沉降计算经验系数,按经验选取或由现场试验确定;

e_{1i}、e_{2i}——分别为第i层土受到平均自重应力设计值(σ_{cdi})和平均最终应力设计值($\sigma_{cdi}+\sigma_{zdi}$)压缩稳定时的孔隙比设计值,可取均值;$\sigma_{cdi}$为第$i$层土顶面与底面的地基自重应力平均值的设计值,$\sigma_{zdi}$为第$i$层土顶面与底面的地基垂直附加应力平均值的设计值;

h_i——第i层土的厚度(cm)。

7.2.2.2 砂土、碎石土和复合地基最终沉降量可按国家现行标准《建筑地基基础设计规范》(GB 50007)和《建筑地基处理技术规范》(JGJ 79)等相关规定进行计算。

7.2.3 地基压缩层的计算深度应满足式(7.2.3-1)要求,计算深度以下有软土层时,计算深度应满足式(7.2.3-2)要求。当计算深度较深时,地基压缩层的计算深度可根据地区经验和使用要求综合确定。

$$\sigma_z=0.2\sigma_c \quad (7.2.3\text{-}1)$$

$$\sigma_z=0.1\sigma_c \quad (7.2.3\text{-}2)$$

式中 σ_z——计算深度处地基垂直附加应力设计值(kPa);

σ_c——计算深度处地基自重压力设计值(kPa)。

7.2.4 地基某时刻的沉降量按下式计算:

$$S_t = \sum_{i=1}^{n}\sum_{j=1}^{m} U'_{ij\,rz} S_{ij\infty} \tag{7.2.4}$$

式中 S_t——t 时刻地基的地表沉降(cm);

i、n——计算土层及地基土总分层数;

j、m——分级加载的加荷级及总加荷级;

$U'_{ij\,rz}$——第 i 层第 j 级瞬时加荷条件下 t 时刻土层平均应变固结度(%);

$S_{ij\infty}$——第 i 层第 j 级加荷土的最终压缩量(cm)。

7.2.5 软黏土地基某时刻的沉降应分层计算。土层某时刻的应力固结度与应变固结度应按下列规定转换:

(1)采用 $e \sim p$ 压缩曲线时,按下式计算:

$$U'_{rz} = \frac{\dfrac{(e_0 - e_t)U_{rz}}{e_0 - e_f}}{\dfrac{p_t - p_0}{p_f - p_0}} \tag{7.2.5-1}$$

(2)采用 $e \sim \lg p$ 压缩曲线时,按下式计算:

$$U'_{rz} = \frac{\lg(1 + k_m U_{rz})}{\lg(1 + k_m)} \tag{7.2.5-2}$$

式中 U'_{rz}——瞬时加荷条件下 t 时刻土层平均应变固结度(%);

U_{rz}——瞬时加荷条件下 t 时刻土层平均应力固结度(%);

p_0、e_0——天然地基土层中点处的初始有效应力(kPa)及对应的孔隙比,对于分级加荷本级加载情况,p_0、e_0 分别为本级加荷之前土层中点处的竖向有效应力(kPa)和其对应的孔隙比;

p_t、e_t——固结过程中 t 时刻地基土层中点处的有效应力(kPa)及对应的孔隙比;

p_f、e_f——完全固结时,地基土层中点处的有效应力(kPa)及对应的孔隙比,对于 j 级加荷情况,$P_f = \sum_{i=1}^{j} P_i$;

k_m——加荷比,$k_m = \sigma_z / \sigma_s$,$\sigma_z$ 为由上覆荷载产生的地基土层中点处的竖向附加应力(kPa),σ_s 为天然地基土层中点处的自重压力(kPa);对于 j 级加荷情况,σ_s 为加荷前土层中点处的竖向有效应力(kPa);

(3)对于多级加荷情况的应力固结度与应变固结度转换,j 级加载结束瞬时与 $j+1$ 级加载结束瞬时之间的时间段,分加荷级分别计算。

7.2.6 排水预压法加固软黏土地基的应力固结度应分层计算,某时刻土层的平均应力固结度可按下式计算:

$$U_{rz} = 1 - (1 - U_z)(1 - U_r) \tag{7.2.6}$$

式中 U_{rz}——瞬时加荷条件下土层总平均应力固结度(%);

U_z——瞬时加荷条件下，地基某土层的竖向平均应力固结度(%)；

U_r——瞬时加荷条件下，地基土层的径向平均应力固结度(%)。

7.2.7 地基某土层竖向平均应力固结度计算，应按下列公式计算：

$$U_z = 1 - \frac{\sum_m \left\{ \frac{2}{b_m^2} \exp(-b_m^2 T_v) \left[\cos\left(b_m \frac{z_{i-1}}{H}\right) - \cos\left(b_m \frac{z_i}{H}\right) \right] \left(\gamma_{ab} - \frac{1-\gamma_{ab}}{b_m}(-1)^m \right) \right\}}{\frac{z_i - z_{i-1}}{H} \left[\gamma_{ab} + (1-\gamma_{ab}) \frac{z_i + z_{i-1}}{2H} \right]} \tag{7.2.7-1}$$

$$b_m = \frac{(2m-1)\pi}{2} \tag{7.2.7-2}$$

$$T_v = \frac{C_v t}{H^2} \tag{7.2.7-3}$$

式中 U_z——第 i 层土的竖向平均应力固结度(%)；

m——级数的项数，$m = 1, 2, 3 \cdots$；

i——第 i 层土，$i = 1 \sim n$；

z——竖向坐标，单面排水时 $0 \leqslant z \leqslant H$，双面排水时 $0 \leqslant z \leqslant 2H$；

z_{i-1}、z_i——第 i 层土的顶面、底面竖向坐标；

T_v——时间因子；

H——排水距离(cm)，对双面排水 H 为土层厚度之半，对单面排水 H 为土层厚度；

γ_{ab}——透水面应力与不透水面应力之比，双面排水时 $\gamma_{ab} = 1$；

C_v——竖向固结系数(cm^2/s)；

t——固结时间(s)。

7.2.8 地基土层的径向平均应力固结度应按考虑井阻与涂抹效应和不考虑井阻与涂抹效应两种情况进行计算。当地基土灵敏度较高、塑料排水板间距较小或打设深度较大时，应考虑井阻与涂抹效应对地基应力固结度的影响，其瞬时加载条件下径向平均应力固结度可按下列公式计算：

$$U_r = 1 - \exp(-\beta_r t) \tag{7.2.8-1}$$

$$\beta_r = \frac{8C_h}{[F(n) + J + \pi G] d_e^2} \tag{7.2.8-2}$$

$$F(n) = \frac{n^2}{n^2 - 1} \ln(n) - \frac{3n^2 - 1}{4n^2} \tag{7.2.8-3}$$

$$J = \left(\frac{k_h}{k_s} - 1 \right) \ln\lambda \tag{7.2.8-4}$$

$$G = \frac{q_h}{q_w / F_s} \cdot \frac{L}{4d_w} \tag{7.2.8-5}$$

$$q_h = k_h \pi d_w L \tag{7.2.8-6}$$

$$n = \frac{d_e}{d_w} \tag{7.2.8-7}$$

式中 U_r——地基的径向平均应力固结度;

β_r——轴对称径向排水固结参数;

t——固结时间(s);

C_h——地基水平固结系数(cm^2/s);

$F(n)$——井径比因子;

J——涂抹因子,当不大于0.4时,应力固结度可按无涂抹影响计算;

G——井阻因子;

d_e——塑料排水板径向排水范围的等效直径(cm);

n——井径比;

k_h——地基水平渗透系数(cm/s);

k_s——涂抹层水平渗透系数(cm/s),宜用扰动土按常规试验方法测定,无试验资料时,渗透系数比 k_h/k_s 可取1.5~8.0,对 $I_p \geqslant 30$ 的均质高塑性黏土取1.5~3.0,对非均质粉质黏土取3.0~5.0,对非均质并具有粉土或细砂微层理结构的可塑性黏土取5.0~8.0;

λ——涂抹比,可取1.5~4.0,施工对地基土扰动小时取低值,扰动较大时取高值;

q_h——单位水力梯度下,单位时间地基中渗入塑料排水板的水量(cm^3/s);

q_w——塑料排水板纵向通水量(cm^3/s);

F_s——安全系数,$L \leqslant 10m$ 时取4,$10m < L \leqslant 20m$ 时取5,$L > 20m$ 时取6;

L——塑料排水板打设深度(cm);

d_w——塑料排水板的等效换算直径(cm)。

7.2.9 当地基最终沉降量计算值不满足要求时,应进行地基处理,处理后的地基工后沉降量计算值应满足式(7.2.9)要求。

$$S_r \leqslant [S] \tag{7.2.9}$$

式中 S_r——建筑物地基工后沉降量计算值(cm);

$[S]$——建筑物的沉降量限值(cm)。

7.3 适应与减小地基沉降的技术措施

7.3.1 地基沉降和差异沉降计算值大于限值时,宜采取下列技术措施:

(1)结构构造措施:设置沉降缝、采用轻型结构、回填轻质材料、调整基础平面尺寸或埋深、增加整体刚度和强度等;

(2)地基处理措施:采用换填法、排水固结法、复合地基加固法等一种或几种地基处理方法的组合进行地基加固;

(3)地基处理和结构构造措施相结合的方法。

8　地基处理

8.1　一般规定

8.1.1　地基处理方案的确定应满足下列要求：

(1)根据工程实际条件、周边环境等因素进行综合分析，初步选出可供考虑的地基处理方案；

(2)对初步选出的方案，从预期效果、施工条件、处理费用和对环境的影响等方面进行技术经济分析，选择合理的地基处理方案。

8.1.2　地基处理方法应考虑土质条件及加载方式、建筑物类型及适应变形能力、施工条件、材料来源、地下水条件和处理费用等因素经多方案比较选定，必要时可联合应用多种地基处理方法。水运工程中常用的地基处理方法可按表 8.1.2 选用。

表 8.1.2　常用地基处理方法

处理方法		适用范围
换填法		换填厚度一般不大于 4m 的软土
爆破法	爆破排淤填石	有下卧持力层的厚度一般为 4m ~ 25m 的淤泥、淤泥质土
	水下爆破夯实	水下地基或基础为块石或砾石的地基
加筋垫层法(包括土工织物、格栅、土工网等)		软土地基
排水固结法	堆载预压法	淤泥、淤泥质土、冲填土等饱和黏土地基，但不适用于泥炭土
	真空预压法	以黏性土为主的软土地基，必要时可以联合堆载
强夯法和强夯置换法		松软的碎石土、砂土、低饱和度的粉土与黏性土、素填土和杂填土
降水强夯法		深度不超过 7m 的砂土、粉土、粉质黏土等地基
振冲法	振冲挤密法	砂土及各类散粒材料的填土
	振冲置换法	砂土、粉土、粉质黏土、素填土和杂填土。对于不排水抗剪强度小于 20kPa 的饱和黏性土应通过试验确定其适用性
砂桩法和挤密砂桩法		饱和黏性土、砂性土、非饱和黏性土、杂填土、松散素填土等
碎石桩法		松散砂性土、软弱黏性土以及液化地基等
水泥搅拌桩法		淤泥、淤泥质土和含水率较高且地基承载力不大于 120kPa 的黏性土地基
高压喷射注浆法		淤泥、淤泥质土、黏性土、粉土、砂土、素填土和碎石土等地基

8.1.3　地基处理工程对周围环境、生态、景观或建筑物产生不利影响时，应对影响程度进行分析评估。有危害时，应采取防护措施。

8.1.4　地基处理设计前应取得土的物理力学性质、土层分布、地下水等资料。

8.1.5 地质条件复杂、重要工程应在有代表性的场地上采用选定的地基处理方法进行现场试验或试验性施工,并进行必要的测试,检验设计参数和处理效果,优化设计和指导施工。当达不到设计要求时,应查明原因,采取措施或修改设计。

8.2 换 填 法

8.2.1 换填材料宜采用碎石土、砂土,陆上换填也可采用可塑~坚硬状态的黏性土,有排水要求时宜采用级配良好的中砂、粗砂,其含泥量不宜大于5%。

8.2.2 条形基础下换填材料的厚度和宽度应满足地基承载力、地基整体稳定和沉降的要求。

8.2.3 设计应对换填后地基的密实程度提出明确要求,当要求较高时,对碎石土和砂土地基可采用振冲或夯实进行处理。

8.2.4 换填后的地基承载力和工后沉降应根据勘察成果按第5章和第7章的有关规定确定。

8.3 爆 破 法

8.3.1 爆破排淤填石法用于淤泥、淤泥质土,厚度小于4m或大于25m时,应进行技术经济论证。

8.3.2 爆破排淤填石法的断面形式和标高应根据防波堤、护岸等建筑物的使用要求进行稳定、沉降验算,并结合施工工艺的可行性确定。

8.3.3 爆破排淤填石法置换体材料宜选用含泥量小于10%的10kg~200kg自然级配开山石。

8.3.4 爆破排淤填石法置换体宜落底在下卧持力层上,混合层厚度不宜大于1m。当置换体宽度较宽时,置换体两侧宜落底在下卧持力层上。

8.3.5 爆破排淤填石法置换体的坡度宜为1:0.8~1:1.25,外侧取较小值,当置换体较厚时可采用变坡度,下部坡度取较大值,需要时可设置一定宽度的平台。

8.3.6 爆破排淤填石法置换体的下部宽度应根据顶宽、厚度和坡度进行计算。

8.3.7 设计应对落底深度提出检测要求,落底深度检测宜采用钻孔结合物探的方法。

8.3.8 水下爆破夯实的分层夯实厚度不宜大于12m,起爆药包在水面下的深度大于8m时,分层夯实厚度可适当增加,但不得超过15m。

8.3.9 爆炸影响范围内有重要设施时应进行爆破试验和监测。

8.3.10 爆炸设计中应制定控制噪声、控制有害气体和飞石、减少粉尘、降低地震和冲击波效应等环境保护措施。环境保护可采用下列措施:

(1)限制一次起爆的单段最大用药量;

(2)采用低爆力、低爆速炸药;

(3)采用微差爆破;

(4)开挖减震沟槽;

(5)采用气泡帷幕;

(6)采取覆盖防护、洒水防护等；

(7)采取定向控制爆破。

8.4　加筋垫层法

8.4.1　土工合成材料加筋垫层宜设置在堤身的底部，并应沿主要受力方向铺设。

8.4.2　加筋垫层应选用抗拉强度高、延伸率低的土工合成材料，其耐久性应满足工程需要。

8.4.3　土工合成材料加筋垫层设计应包括下列内容：

(1)整体稳定验算；

(2)土工合成材料抗拉强度计算；

(3)土工合成材料锚固长度计算；

(4)土工合成材料加筋垫层构造设计。

8.4.4　采用土工合成材料加筋垫层工程的整体稳定验算可采用圆弧滑动面法或水平滑动面法。

8.4.5　厚层软基采用圆弧滑动面法验算地基整体稳定性应符合下列规定。

8.4.5.1　危险滑动面稳定验算应满足下式要求(图 8.4.5)：

$$\gamma_0 M_{sd} \leqslant \frac{1}{\gamma_R}(M_{Rk} + \Delta M_{gk}) \tag{8.4.5-1}$$

式中　γ_0——重要性系数，安全等级为一级、二级、三级的建筑物，分别取 1.1、1.0、1.0；

M_{sd}——作用于危险滑动面上滑动力矩的设计值(kN · m/m)；

γ_R——抗力分项系数，取 1.1 ~ 1.3；

M_{Rk}——不计加筋垫层时危险滑动面上抗滑力矩的标准值(kN · m/m)；

ΔM_{gk}——加筋垫层产生的抗滑力矩标准值(kN · m/m)。

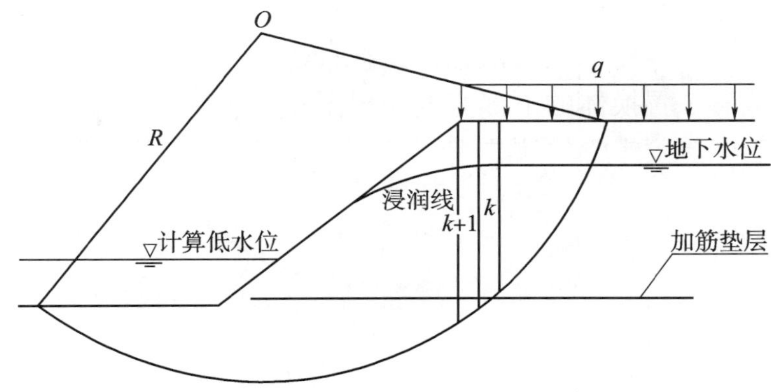

图 8.4.5　圆弧滑动面法稳定验算图示

O-滑弧圆心；q-土条上的附加荷载；R-滑弧半径；k-以滑弧通过堤顶为起点至加筋垫层处的土条个数

8.4.5.2　危险滑动面上滑动力矩设计值、抗滑力矩标准值可按下列公式进行计算：

$$M_{sd} = \gamma_S \sum_{i=1}^{n} (x_R - x_i)(W'_{ki} + q_{ki} b_i) \tag{8.4.5-2}$$

$$M_{\mathrm{Rk}}=\sum_{i=1}^{n}(h_i-z_{\mathrm{R}})[(W_{\mathrm{k}i}+q_{\mathrm{k}i}b_i)\tan\varphi_{\mathrm{k}i}+c_{\mathrm{k}i}b_i(1+h'^2_i)] \tag{8.4.5-3}$$

$$\Delta M_{\mathrm{gk}}=\eta_{\mathrm{g}}\gamma_{\mathrm{R}}\left\{\gamma_{\mathrm{S}}\sum_{i=1}^{k}(x_{\mathrm{R}}-x_i)(W'_{\mathrm{k}i}+q_{\mathrm{k}i}b_i)-\frac{1}{\gamma_{\mathrm{R}}}\sum_{i=1}^{k}(h_i-z_{\mathrm{R}})[(W_{\mathrm{k}i}+q_{\mathrm{k}i}b_i)\tan\varphi_{\mathrm{k}i}+c_{\mathrm{k}i}b_i(1+h'^2_i)]\right\} \tag{8.4.5-4}$$

式中 M_{sd}——作用于危险滑动面上滑动力矩的设计值(kN·m/m);

γ_{S}——综合分项系数,可取1.0;

n——土条总数;

x_{R}、z_{R}——圆心的水平、垂直坐标值(m);

x_i、h_i——第 i 土条滑动面上中点的水平、垂直坐标值(m);

$W_{\mathrm{k}i}$——第 i 土条重力标准值(kN/m),可取均值,零压线以下用浮重度计算;

$W'_{\mathrm{k}i}$——第 i 土条重力标准值(kN/m),可取均值,零压线以下用浮重度计算;当有渗流时,计算低水位以上零压线以下用饱和重度计算滑动力矩;

$q_{\mathrm{k}i}$——第 i 土条顶面的可变作用标准值(kN/m^2);

b_i——第 i 土条宽度(m);

M_{Rk}——不计加筋垫层时危险滑动面上抗滑力矩的标准值(kN·m/m);

$\varphi_{\mathrm{k}i}$、$c_{\mathrm{k}i}$——分别为第 i 土条滑动面上的固结快剪内摩擦角(°)和黏聚力(kPa)标准值,可取均值;

h'_i——第 i 土条滑动面上中点的滑动面一阶导数值;

ΔM_{gk}——加筋垫层产生的抗滑力矩标准值(kN·m/m);

η_{g}——经验系数,取0.5~0.75;

γ_{R}——抗力分项系数,取1.1~1.3;

k——以滑弧通过堤顶为起点至加筋垫层处的土条个数。

8.4.5.3 当采用十字板剪或三轴不固结不排水剪等总强度时,M_{sd}、M_{Rk}、ΔM_{gk} 可按式(8.4.5-2)~式(8.4.5-4)计算,但相应土体的强度指标应采用十字板强度或其他总强度指标取代,并可考虑因土体固结引起的强度增长。

8.4.6 薄层软基宽堤身,可采用水平滑动面法验算地基整体稳定性(图8.4.6),其危险滑动面宜按下式验算:

$$\gamma_0(\gamma_{\mathrm{E}}P_{\mathrm{ag}}+\gamma_{\mathrm{E}}P_{\mathrm{as}})\leq\frac{1}{\gamma_{\mathrm{R}}}(\gamma_{\mathrm{E}}P_{\mathrm{p}}+\gamma_{\mathrm{B}}F_{\mathrm{b}}+T_{\mathrm{a}}) \tag{8.4.6}$$

式中 γ_0——重要性系数,安全等级为一级、二级、三级的建筑物,分别取1.1、1.0、1.0;

γ_{E}——土压力分项系数,取1.0;

P_{ag}——加筋垫层以上堤体主动土压力标准值(kN/m);

P_{as}——软土层主动土压力标准值(kN/m);

γ_{R}——抗力分项系数,取1.1~1.3;

P_{p}——被动土压力标准值(kN/m);

γ_{B}——软土层底部抗滑力分项系数,取1.0;

F_{b}——软土层底部抗滑力标准值(kN/m);

T_a——土工合成材料抗拉强度设计值(kN/m)。

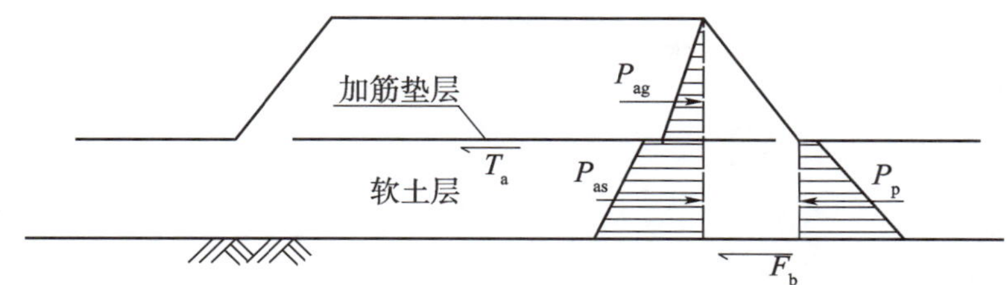

图 8.4.6 浅层水平滑动稳定计算图

P_{ag}-加筋垫层以上堤体主动土压力;T_a-土工合成材料抗拉强度;P_{as}-软土层主动土压力;P_P-被动土压力;F_b-软土层底部抗滑力

8.4.7 土工合成材料的抗拉强度设计值宜按下式确定:

$$T_a = \eta_g \gamma_E P_{ag} \tag{8.4.7}$$

式中 T_a——土工合成材料的抗拉强度设计值(kN/m);

η_g——经验系数,可取 0.75;

γ_E——土压力分项系数,取 1.0;

P_{ag}——土工合成材料以上堤体主动土压力标准值(kN/m)。

8.4.8 土工合成材料的极限抗拉强度标准值宜按下式确定:

$$T_u = \gamma_m T_a \tag{8.4.8}$$

式中 T_u——土工合成材料的极限抗拉强度标准值(kN/m);

γ_m——综合强度折减分项系数,宜取 3,当考虑长期作用及蠕变时,可取 4,当有经验时,可适当减小;

T_a——土工合成材料的抗拉强度设计值(kN/m)。

8.4.9 土工合成材料的锚固长度应按下式计算:

$$L_p = \frac{\gamma_{sp} T_a}{2 W_v \tan\varphi_{sg}} \tag{8.4.9}$$

式中 L_p——土工合成材料的锚固长度(m);

γ_{sp}——土工合成材料抗拔分项系数,砂性土取 1.5,黏性土取 2.0;

T_a——土工合成材料抗拉强度设计值(kN/m);

W_v——作用于土工合成材料表面上的垂直应力标准值(kPa);

φ_{sg}——土工合成材料与其下填料的视摩擦角(°),宜通过试验确定,当无试验资料时可取填料内摩擦角的 0.6~0.8 倍。

8.4.10 软土地基上土工合成材料加筋垫层下宜设置砂垫层,陆上砂垫层厚度不宜小于 200mm,水下砂垫层厚度不宜小于 500mm。砂垫层宜采用中砂、粗砂,含泥量不宜大于 5%。

8.4.11 加筋材料上直接抛填块石时,应在垫层上设保护层或加设土工网。

8.5 堆载预压法

8.5.1 堆载预压设计应包括下列主要内容:

(1)选择竖向排水体的形式,确定其断面尺寸、间距、排列方式和深度;

(2)确定施加荷载的大小、范围、分级、加荷速率、预压或分级预压时间和卸载标准;

(3)计算地基固结度、强度增长、整体稳定及沉降等;

(4)提出质量监测、检验要求。

8.5.2 软土厚度不大或含有较多薄粉砂夹层,在设计荷载作用下其固结速率能满足工期要求时,可只设置排水砂垫层,进行堆载预压。排水砂垫层的厚度,陆上不宜小于0.4m;水下不宜小于1.0m,采用土工织物袋内充砂时可适当减小。软土厚度较大时,应增设塑料排水板或袋装砂井、普通砂井等竖向排水体,塑料排水板型号及性能指标宜满足表8.5.2的要求。

表8.5.2 常用塑料排水板型号及性能指标表

项目 \ 型号		A型	B型	C型	D型	条件
打设深度(m)		≤15	≤25	≤35	≤50	
纵向通水量(cm^3/s)		≥15	≥25	≥40	≥55	侧压力350kPa
滤膜渗透系数(cm/s)		$\geq 5\times10^{-4}$				试件在水中浸泡24h
滤膜等效孔径(mm)		0.05~0.12				以O_{95}计
塑料排水板抗拉强度(kN/10cm)		≥1.0	≥1.3	≥1.5	≥1.8	当延伸率在4%~10%时,取断裂时的峰值强度;当延伸率大于10%时,取延伸率为10%时所对应的强度;当延伸率小于4%时,判定强度不合格
滤膜抗拉强度(N/cm)	干态	≥15	≥25	≥30	≥37	
	湿态	≥10	≥20	≥25	≥32	试件在水中浸泡24h。当延伸率在4%~15%时,取断裂时的峰值强度;当延伸率大于15%时,取延伸率为15%时所对应的强度;当延伸率小于4%时,判定强度不合格

8.5.3 排水砂垫层的砂料宜采用含泥量不大于5%且渗透系数不小于5×10^{-3}cm/s的中砂、粗砂,在干施工情况下,砂垫层可用砂沟代替。经充分论证并试验后,中砂、粗砂紧缺地区可采用其他材料。

8.5.4 在预压区边缘应设置排水沟,在预压区内宜设置与砂垫层相连的排水盲沟,盲沟交叉位置宜设置集水井,集水井中的积水超过一定水位应及时排到预压区外排水沟中。

8.5.5 预压荷载应根据使用要求确定,可取建筑物或堆场的基底压力作为预压荷载。实际施加的荷载应包括预压荷载和由于高程不足而回填或补填的土重。当在设计预压荷载下,规定时间内不能满足加固要求时,可采用超载预压。

8.5.6 加载坡肩线范围不应小于建筑物基础外缘所包围的范围。

8.5.7 加载速率应与地基土的强度增长相适应,加载各阶段应进行地基稳定验算。

8.5.8 竖向排水体的设计应符合下列规定:

8.5.8.1 竖向排水体长度应根据地基处理的目的和土层情况等确定。软土厚度不大时,竖向排水体可贯穿软土层;软土厚度较大时,应根据稳定或沉降的要求确定;对以地基稳定性控制的工程,竖向排水体深度至少应超过危险滑动面以下3m;软土层中如分布有砂夹层或砂透镜体时,设计中应考虑利用。

8.5.8.2 竖向排水体间距应根据所要求的固结时间等确定。普通砂井宜采用 2m ~ 3m,袋装砂井宜采用 1m ~ 1.5m,塑料排水板宜采用 0.7m ~ 1.5m。

8.5.8.3 竖向排水体的最大间距可用井径比控制。普通砂井的井径比不宜大于 10,袋装砂井的井径比不宜大于 25,塑料排水板的井径比不宜大于 20,井径比应按下式计算:

$$n = \frac{d_e}{d_w} \tag{8.5.8-1}$$

式中 n——井径比;

d_e——竖向排水体的径向排水范围的等效直径(cm);

d_w——竖向排水体等效换算直径(cm)。

8.5.8.4 对于竖向排水体直径,普通砂井水下宜采用 30cm ~ 40cm,陆上宜小于 30cm;袋装砂井宜采用 7cm ~ 10cm。塑料排水板宽度宜为 10cm,厚度宜为 3.5mm ~ 5.0mm,等效换算直径可按下式计算:

$$d_w = \alpha \frac{2(b + \delta_0)}{\pi} \tag{8.5.8-2}$$

式中 d_w——塑料排水板等效换算直径(cm);

α——换算系数,无试验资料时可取 $\alpha = 0.75 \sim 1.0$;

b——塑料排水板宽度(cm);

δ_0——塑料排水板厚度(cm)。

8.5.8.5 竖向排水体的平面布置可采用等边三角形或正方形,其径向排水范围的等效直径可按下式计算:

$$d_e = \alpha_1 d \tag{8.5.8-3}$$

式中 d_e——竖向排水体径向排水范围的等效直径(cm);

α_1——换算系数,正三角形布置时取 1.05,正方形布置时取 1.13;

d——相邻竖向排水体中心间距(cm)。

8.5.9 瞬时加荷条件下,地基的平均总应变固结度、平均总应力固结度、竖向平均应力固结度和径向平均应力固结度宜按第 7.2 节的有关公式计算,也可按附录 M 查表确定。当加固范围内各区的计算条件不同时,宜分别计算平均总应力固结度。对防波堤和重力式码头,计算短暂状况的固结沉降时,宜采用该时期的平均水位,计算持久状况的固结沉降时,宜采用设计低水位。

8.5.10 分级加载条件下,砂井地基对应于总荷载在 t 时刻的平均总应力固结度(图 8.5.10)可按下式计算:

$$U_{rz} = \sum_{i=1}^{m} U_{rzi\left(t - \frac{T_i^0 + T_i^f}{2}\right)} \frac{P_i}{\sum P_i} \tag{8.5.10}$$

式中 U_{rz}——分级加荷条件下,砂井地基对应于总荷载在 t 时间的平均总应力固结度;

m——加荷级数;

$U_{rzi\left(t - \frac{T_i^0 + T_i^f}{2}\right)}$——瞬时加荷条件下,对应于第 i 级荷载 t 时刻的平均应力固结度,可按第 7.2

节有关公式计算,其对应的瞬时加荷固结时间为:$t-(T_i^0+T_i^f)/2$;

t——对应第 i 级分级加荷起点计算的分级加荷固结时间(s);

T_i^0——第 i 级荷载加荷的起始时间(s);

T_i^f——第 i 级荷载加荷的终了时间(s),当计算加荷期间的应力固结度时,T_i^f 应改为 t;

P_i——第 i 级预压荷载(kPa),当计算加荷期间的应力固结度时,式中 P_i 应改为 ΔP_i,ΔP_i 为对应于第 i 级荷载加荷期间 t 时刻的荷载增量。

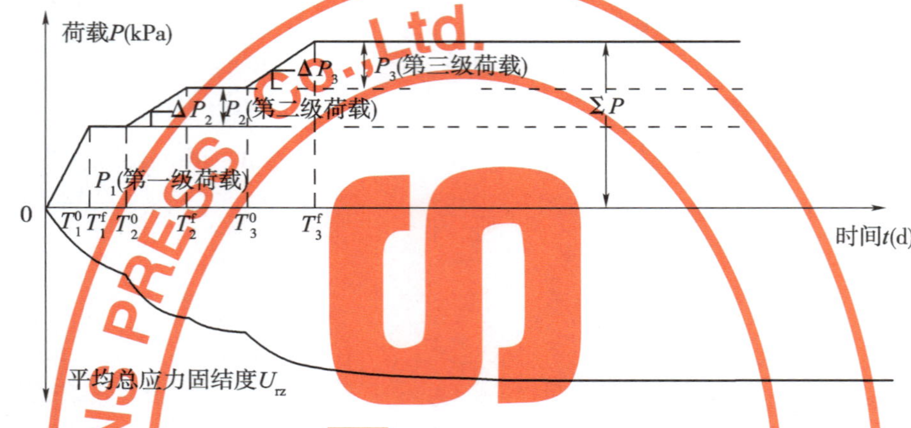

图 8.5.10 分级加荷固结过程示意图

8.5.11 对于正常固结的黏性土,地基土强度增量的标准值可按下式计算:

$$\Delta c_{uk}=U_{rz}\sigma_{zk}\tan\varphi_{cq} \tag{8.5.11}$$

式中 Δc_{uk}——地基或土层的强度增量的标准值(kPa);

U_{rz}——地基或土层的平均应力固结度,可按第 7.2 节有关公式计算;

σ_{zk}——地基或土层垂直附加应力平均值标准值(kPa);

φ_{cq}——地基或土层的固结快剪内摩擦角标准值(°),可取均值。

8.5.12 堆载预压加载时地基变形的控制标准应符合下列规定。

8.5.12.1 水平位移每昼夜不应大于 5mm。

8.5.12.2 对设置竖向排水体的地基,基底中心的沉降每昼夜不应大于 15mm;对天然地基,基底中心的沉降每昼夜不应大于 10mm。当加固的地基土很软且深厚时,上述标准可适当放宽。

8.5.13 地基稳定为控制因素的工程,必要时应在加载不同阶段进行十字板剪切强度试验和钻取土样进行室内土工试验,验算地基的稳定性。

8.5.14 卸载时加固深度范围内地基平均固结度不宜小于 80%。加固后的地基承载力和工后沉降可根据勘察成果按照第 5 章和第 7 章的有关规定确定,工后沉降也可根据实测沉降曲线进行推算。

8.6 真空预压法

8.6.1 真空预压法设计应包括下列主要内容:

(1)确定塑料排水板的断面尺寸、间距、排列方式和深度;

(2)确定施加荷载的大小、范围、分级、加荷速率、预压或分级预压时间和卸载标准；

(3)计算地基固结度、强度增长、整体稳定及沉降等；

(4)提出质量监测、检验要求。

8.6.2 真空预压设计除应满足第8.1.4条规定外，尚应取得下列资料：

(1)查明相对透水层、地下水位置及承压水性质、有无补给水源、表层透气性等；

(2)工程对地基的要求，包括地基承载力、地基土强度、固结度、允许沉降量和差异沉降量等；

(3)附近建筑物的分布情况、结构特征、基础类型及与加固区边线的距离等；

(4)地下管线等障碍物的分布情况；

(5)工期。

8.6.3 真空预压的加固范围应大于拟建建筑物基础外缘所包围的范围，真空预压加固范围较大时应分区加固，分区面积宜为$20000m^2$～$30000m^2$。

8.6.4 加固区边线与周边建筑物和地下管线等的距离应根据土质情况和建筑物重要性确定，且不宜小于20m。当距离较近时，应根据实际情况采取相应保护措施。

8.6.5 对以沉降控制的工程，卸载标准应根据地基沉降量、残余沉降量、平均应变固结度和沉降速率确定；对以地基承载力或稳定性控制的工程，卸载标准应根据地基土强度、平均应变固结度和沉降速率确定。卸载时加固深度范围内地基平均应变固结度不宜小于80%。

8.6.6 瞬时和分级加荷条件下，地基的平均总应变固结度、平均总应力固结度、竖向平均应力固结度和径向平均应力固结度应按第7.2节的有关规定进行计算。

8.6.7 真空联合堆载预压加荷期间的整体稳定验算应符合第6章的有关规定。

8.6.8 真空预压荷载设计应符合下列规定。

8.6.8.1 对于边界密封条件良好的淤泥、淤泥质土或黏土地基，真空预压荷载设计值不宜小于85kPa；当加固区土层条件复杂时，真空预压荷载设计值不宜小于80kPa。

8.6.8.2 当真空预压荷载小于预压荷载设计值时，可采用真空联合堆载预压，当残余沉降量或加固时间不满足工程要求时，可采用超载预压。

8.6.8.3 真空联合堆载预压时，堆载体的坡肩线宜与真空预压边线重合，且膜上堆载应在真空预压满载10d后进行。

8.6.8.4 真空联合堆载预压应提出分级加载要求，加载过程中地基向加固区外的侧向位移速率不应大于5mm/d。

8.6.9 排水系统设计应符合下列规定。

8.6.9.1 水平排水垫层应具有良好的透水性和连续性。水平排水垫层宜采用含泥量不大于5%的中砂或粗砂，厚度不宜小于0.4m。砂料的渗透系数不宜小于$5\times10^{-3}cm/s$。经充分论证并试验后，中砂、粗砂紧缺地区可采用其他材料。

8.6.9.2 水平排水垫层中应设置排水滤管，滤管横向间距宜为6m～7m，纵向间距宜为30m～40m。

8.6.9.3 垂直排水系统宜穿透软土层，但不应进入下卧透水层。软土层深厚时，对以地基承载力或稳定性控制的工程,打设深度应超过危险滑动面下 3m;对以沉降控制的工程,打设深度应满足工程对地基残余沉降量的要求。

8.6.9.4 垂直排水系统宜采用塑料排水板,间距宜为 0.7m ~ 1.3m,对高灵敏度黏性土取大值。

8.6.10 密封系统设计应符合下列规定。

8.6.10.1 密封膜宜采用 2 ~ 3 层聚乙烯或聚氯乙烯薄膜。单层密封膜的技术要求应符合表 8.6.10 的规定。

表 8.6.10 密封膜的技术要求

最小抗拉强度(MPa)		最小断裂伸长率(%)	最小直角撕裂强度(kN/m)	厚度(mm)
纵向	横向			
18.5	16.5	220	40	0.12 ~ 0.16

8.6.10.2 加固区四周应开挖压膜沟,压膜沟深度至少应挖至不透水、不透气层顶面以下 0.5m。

8.6.10.3 当加固区边界透水透气层较深时,密封措施宜采用黏土密封墙。黏土密封墙厚度不宜小于 1.2m,拌和后墙体的黏粒含量应大于 15%,渗透系数应小于 1×10^{-5}cm/s。

8.6.10.4 采用真空联合堆载预压时,密封膜上下均应设置保护层,保护层可采用土工织物。

8.6.11 抽真空设备宜采用射流泵,其单机功率不宜低于 7.5kW,在进气孔封闭状态下,其真空压力应不小于 96kPa,有经验时可采用新型施工设备。

8.6.12 抽真空设备宜均匀布置在加固区四周,必要时也可适量布置在加固区中部,每台抽真空设备的控制面积宜为 $900m^2$ ~ $1100m^2$。真空压力达到设计要求稳定后,抽真空设备开启数量应超过总数的 80%。

8.6.13 对于正常固结的黏性土,地基土强度增量的标准值可按第 8.5.11 条的有关规定进行计算。

8.6.14 砂资源缺乏地区,可将塑料排水板和滤管直接连接后铺膜进行真空预压处理。

8.6.15 当加固区表层为较厚的新吹填超软土层时,可考虑采用二次处理的方法:先打设塑料排水板至新吹填超软土层底部,将塑料排水板和滤管直接连接后铺膜抽真空,待新吹填超软土层强度有一定程度提高后再进行常规的真空预压处理。

8.6.16 当采取一定措施后,可利用表层 0.5m ~ 0.8m 厚的软土作为密封层,将塑料排水板和滤管连接后直接进行真空预压加固,但在进行固结度计算时应只考虑径向固结,且加固后应对表层的软土进行进一步处理。

8.6.17 缺乏经验的地区必要时应选择有代表性的场地进行试验,并根据试验结果优化设计。

8.7 强夯法和强夯置换法

8.7.1 强夯法和强夯置换法设计应包括下列主要内容:

(1)确定强夯处理的深度、夯点的范围、布置方式和间距;

(2)确定单击夯击能、单点夯击击数、夯击遍数以及每遍夯击之间的时间间隔；

(3)确定强夯置换材料；

(4)提出质量监测、检验要求。

8.7.2　强夯法和强夯置换法处理范围应大于建筑物基础范围，每边超出基础外缘的宽度宜为设计处理深度的1/2～2/3，且不宜小于3m。

8.7.3　夯前勘察除应进行常规勘察试验项目外，尚应根据土质特点和工程要求，安排适于检验强夯效果的原位观测或其他试验项目。

8.7.4　单击夯击能应根据要求的加固深度经现场试夯或当地经验确定，缺少试验资料或经验时可按式(8.7.4)计算，也可按表8.7.4预估。

$$H \approx \alpha \sqrt{\frac{Mh}{10}} \tag{8.7.4}$$

式中　H——强夯的有效加固深度(m)；

α——经验系数，一般采用0.4～0.7；

M——锤重(kN)；

h——落距(m)。

表8.7.4　强夯法的有效加固深度(m)

单击夯击能(kN·m)	碎石土、砂土等粗颗粒土	粉土、黏性土、湿陷性黄土等细颗粒土
1000	5.0～6.0	4.0～5.0
2000	6.0～7.0	5.0～6.0
3000	7.0～8.0	6.0～7.0
4000	8.0～9.0	7.0～8.0
5000	9.0～9.5	8.0～8.5
6000	9.5～10.0	8.5～9.0
8000	10.0～10.5	9.0～9.5
10000	10.5～11.0	—
12000	11.0～11.5	—

8.7.5　细粒土强夯前宜设置0.5m～1.0m厚的碎石垫层。

8.7.6　夯点宜采用正方形或梅花形布置，间距宜为5m～10m，处理深度较深或单击夯击能较大的工程取较大值。

8.7.7　单点夯击遍数应根据地基土的性质确定，宜采用2～3遍，对渗透性弱的细粒土夯击遍数可适当增加。后一遍夯点应选在前一遍夯点间隙位置。单点夯击完成后宜用低能量满夯2遍。

8.7.8　两遍之间的间歇时间应根据土中超静孔隙水压力的消散时间确定，缺少实测资料时，可根据地基土的渗透性确定。对于渗透性差的黏性土地基，两遍之间的间歇时间不宜少于3～4周，粉土地基的间歇时间不宜少于2周，对于碎石土和砂土等渗透性好的土可连续夯击。

8.7.9　强夯时单点夯击击数应根据现场试验中得到的最佳夯击能确定。单击夯击能小于4000kN·m时最后两击的平均夯沉量不应大于5cm,单击夯击能为4000kN·m~6000kN·m时不应大于10cm,单击夯击能大于6000kN·m时不宜大于20cm。

8.7.10 强夯置换墩的深度应根据土质条件决定,除厚层饱和粉土外应穿透软土层到达较硬土层上,深度不宜超过9m。

8.7.11 强夯置换时单点夯击击数和处理深度应根据现场试验确定,并应满足下列条件:

(1)强夯置换形成的墩底部穿透软弱土层,且达到设计墩长;

(2)累计夯沉量为设计墩长的1.5~2.0倍;

(3)最后两击夯沉量满足第8.7.9条的规定。

8.7.12 强夯置换的夯锤宜选用细长的柱状夯锤。

8.7.13 强夯置换材料可用级配良好的块石、碎石、矿渣、建筑垃圾等坚硬粗颗粒材料,粒径大于300mm的颗粒含量不宜超过全重的30%,最大粒径不应大于600mm。

8.7.14 强夯置换处理区表面宜铺设一层厚度不小于500mm的压实垫层,垫层材料可与墩体相同,粒径不宜大于100mm。

8.7.15 强夯置换设计时应预估地面抬高值,并在试夯时校正。

8.7.16 当强夯区附近有建筑物、设备及地下管线等时,应采取防振或隔振措施,并设置监测点。

8.7.17 强夯加固后地基的沉降、地基承载力、地基稳定可根据勘察成果按本规范有关规定进行计算。

8.8 降水强夯法

8.8.1 降水强夯法的设计应包括下列内容:

(1)降水设计:降水深度、外围封闭降水管的间距和埋深、施工区内降水管的间距和埋深等;

(2)强夯设计:单击夯击能、夯点间距、夯击遍数、间隔时间等。

8.8.2 降水强夯法处理范围应大于建筑物基础范围,每边超出基础外缘的宽度宜为设计处理深度的1/2~2/3,且不宜小于3m。

8.8.3 地下水位宜降至地面以下2m~3m,夯击能越大,地下水位应越低。

8.8.4 降水深度可参照现行行业标准《建筑基坑支护技术规程》(JGJ 120)的相关规定进行计算。

8.8.5 降水管的间距应根据加固土的性质确定,外围封闭降水管间距可取1.5m~2m,施工区内排水管的间距可取3m~7m,井点管间距宜取1.5m~3.5m,渗透系数较大的砂性土取较大值。

8.8.6 降水管的埋深应根据需要降水的深度确定,外围封闭降水管埋深可取6m~8m,施工区内降水管可采用长短管相结合的方法,长管埋深可取6m~8m,短管埋深可取3m~5m。

8.8.7 抽水泵的数量应根据加固土的性质确定,对于砂性土,单泵控制面积可取800m^2~1200m^2;对于黏粒含量较高的黏性土,单泵控制面积可取300m^2~500m^2。

8.8.8 外围封闭降水管在强夯施工期间应连续进行降水。

8.8.9 强夯单击夯击能应根据要求的加固深度经现场试夯或当地经验确定,初步设计时可取 800kN·m~3000kN·m,可采取先轻后重、逐级加能的方法确定每遍夯击能。

8.8.10 夯点宜采用正方形布置,间距宜为 3m~5m,渗透系数较大的砂性土取较大值。

8.8.11 两遍夯击之间的间歇时间应根据土中超静孔隙水压力的消散时间确定,在超静水压力消散 75% 以上后可以进行下一遍强夯。

8.8.12 单点夯击遍数宜采用 2~3 遍。单点夯击完成拔除所有降水管后应再以低能量满夯 2 遍,表层压实度要求较高时可进一步采用振动碾压措施。

8.8.13 单点夯击击数应根据现场试验中得到的最佳夯击能确定,最后两击的平均夯沉量不应大于 5cm 且夯点周围不应有明显的隆起。

8.8.14 降水强夯施工经验及资料较为缺乏的地区,可通过选取地质条件有代表性的区域进行降水强夯试验,根据试验结果验证或调整设计参数。

8.8.15 降水强夯加固后地基的沉降、地基承载力、地基稳定可根据勘察成果按本规范有关规定进行计算。

8.9 振冲挤密法和振冲置换法

8.9.1 振冲挤密法设计应符合下列规定。

8.9.1.1 振冲挤密法设计应包括下列主要内容:

(1)振冲处理的深度、振冲点的范围、布置方式和间距;

(2)质量监测、检验要求。

8.9.1.2 处理范围应大于建筑物基础范围,在建筑物基础外缘每边放宽不得少于 5m。

8.9.1.3 处理的土层较薄时,振冲深度应穿过需处理土层至相对硬层;处理的土层深厚时,应按建筑物地基的变形允许值和满足地基稳定性确定振冲深度;对可液化的地基,处理深度应满足地基强度、变形及抗震要求。

8.9.1.4 振冲点宜按等边三角形或正方形布置,其间距应根据土的颗粒组成、要求达到的密实程度、地下水位和振冲器功率等在 2.0m~4.0m 范围内选取,必要时通过现场试验验证后确定。

8.9.1.5 当需填料时,每一振冲点所需的填料量应根据地基土要求达到的密实程度和振冲点间距,通过现场试验确定。填料宜用质地坚硬的碎石、卵石、角砾、圆砾、砾砂、粗砂等材料,粒径宜小于 5cm。

8.9.1.6 地基承载力标准值和变形计算可按第 5 章、第 7 章的有关规定执行。不加填料地基承载力特征值宜通过现场载荷试验确定。挤密深度内土层的压缩模量应通过原位测试确定。

8.9.2 振冲置换法设计应符合下列规定。

8.9.2.1 振冲置换法设计应包括下列主要内容:

(1)振冲置换处理的深度、振冲点的范围、布置方式和间距;

(2)振冲置换材料要求;

(3)质量监测、检验要求。

8.9.2.2 处理范围应根据建筑物基础结构形式、受力特点及建筑物的重要性和场地条件确定,宜在基础外缘扩大2~3排桩,对可液化地基,应在基础外缘扩大3~4排桩。

8.9.2.3 桩位布置形式应根据处理面积和基础形式确定。处理面积较大时,宜用等边三角形布置;对独立长条形基础及其他基础,宜用正方形、矩形或等腰三角形布置。

8.9.2.4 桩间距应根据荷载大小、原土的抗剪强度和桩径确定,可选用1.5m~2.5m。荷载大、桩径小或原土强度低时,宜取较小间距;反之宜取较大间距。对桩端未达相对硬层的短桩,应取小间距。

8.9.2.5 桩长不宜小于4m。软弱土层较薄时,桩应穿过软弱土层至相对硬层;软弱土层深厚时,应按建筑物地基的变形允许值确定。可液化地基的桩长应满足抗震要求。

8.9.2.6 桩体材料应采用含泥量不大于5%的碎石,结合当地材料来源也可用卵石、角砾、圆砾等硬质材料。粒料直径应根据成孔设备的功率及相关性能参数和地基土的性质确定,最大粒径不宜大于80mm。碎石粒径宜为20mm~50mm。

8.9.2.7 桩的直径应根据设计所需的面积置换率和桩间距确定,宜采用0.8m~1.2m。

8.9.2.8 在桩顶和基础之间宜铺设一层300mm~500mm厚的碎石垫层。

8.9.2.9 地基承载力特征值宜通过复合地基载荷试验确定,也可根据单桩和桩间土的载荷试验结果按下式计算:

$$f_{spk} = mf_{pk} + (1-m)f_{sk} \tag{8.9.2-1}$$

$$m = d^2/d_e^2 \tag{8.9.2-2}$$

式中 f_{spk}——振冲桩复合地基承载力特征值(kPa);

m——桩土面积置换率;

f_{pk}——桩体承载力特征值(kPa);

f_{sk}——处理后桩间土承载力特征值(kPa);

d——桩身平均直径(m);

d_e——单桩等效圆直径(m);等边三角形布桩时取1.05s,正方形布桩时,取1.13s,矩形布桩时,取$d_e = 1.13\sqrt{s_1 s_2}$,s、s_1、s_2分别为桩间距、纵向间距和横向间距。

8.9.2.10 无现场载荷试验成果时,复合地基承载力特征值可按下式计算:

$$f_{spk} = [1 + m(n-1)]f_{sk} \tag{8.9.2-3}$$

式中 f_{spk}——振冲桩复合地基承载力特征值(kPa);

m——面积置换率;

n——桩土应力比,取2.0~4.0,原土强度低时取大值,原土强度高时取小值;

f_{sk}——加固后的桩间土承载力特征值(kPa),按经验取值。

8.9.2.11 加固后地基变形计算可按第7.2节的有关规定执行。

8.9.2.12 地基抗滑稳定分析应按第6章有关规定执行,复合土层的抗剪强度标准值可按下列公式计算:

$$\tan\varphi_{sp} = m\mu_p\tan\varphi_p + (1 - m\mu_p)\tan\varphi_s \tag{8.9.2-4}$$

$$c_{sp} = (1 - m)c_s \tag{8.9.2-5}$$

$$\mu_p = \frac{n}{1 + (n - 1)m} \tag{8.9.2-6}$$

式中 φ_{sp}——复合土层内摩擦角标准值(°);

m——面积置换率;

μ_p——应力集中系数;

φ_p——桩体材料内摩擦角标准值(°);

φ_s——桩间土内摩擦角标准值(°),砂土或粉土取试验值,较软的黏性土地基适当降低;

c_{sp}——复合土层黏聚力标准值(kPa);

c_s——桩间土黏聚力标准值(kPa);

n——桩土应力比,土坡和地基稳定计算时宜取 1.0 ~ 2.0,附加应力小时取低值,大时取高值。

8.9.2.13 载荷试验和桩间土检验应在施工完成并间隔一定时间后进行。黏性土地基的间隔时间可取 21d ~ 28d,粉土地基可取 14d,砂土地基可取 7d。

8.10 砂桩法和挤密砂桩法

8.10.1 砂桩法和挤密砂桩法设计应包括下列主要内容:

(1)确定砂桩的直径、间距、排列方式和深度;

(2)选择桩身材料;

(3)计算地基沉降、承载力及整体稳定等;

(4)提出质量监测、检验要求。

8.10.2 对以地基承载力和变形控制的工程,砂桩处理范围应大于基底范围,处理宽度宜在基础外缘扩大 1 ~ 3 排桩。对可液化地基,在基础外缘扩大宽度不应小于可液化土层厚度的 1/2,且不应小于 5m。

8.10.3 桩径可根据地基土质情况、施工条件和成桩设备等因素综合确定,砂桩宜采用 300mm ~ 1000mm,挤密砂桩宜采用 1000mm ~ 1800mm。对强度较低的饱和黏性土地基宜选用较大的直径,水下砂桩直径宜取大值。

8.10.4 砂桩桩位宜采用等边三角形或正方形均匀布置。

8.10.5 砂桩的间距应通过现场试验确定,试验前初步确定桩间距时应符合下列规定。

8.10.5.1 对松散粉土和砂土地基,应根据挤实后要求达到的孔隙比 e_1 确定,可按下列公式估算,但不宜大于砂桩直径的 4.5 倍:

(1)等边三角形布置时,间距按下式计算:

$$s = 0.95\xi d\sqrt{\frac{1 + e_0}{e_0 - e_1}} \tag{8.10.5-1}$$

(2)正方形布置时,间距按下列公式计算:

$$s = 0.89\xi d\sqrt{\frac{1+e_0}{e_0-e_1}} \quad (8.10.5\text{-}2)$$

$$e_1 = e_{max} - D_r(e_{max} - e_{min}) \quad (8.10.5\text{-}3)$$

式中 s——砂桩间距(m);

ξ——修正系数,当考虑振动下沉密实作用时,可取1.1~1.2;不考虑振动下沉密实作用时,可取1.0;

d——砂桩直径(m);

e_0——地基处理前砂土的孔隙比,可按原状土样试验确定,也可根据动力或静力触探等对比试验确定;

e_1——地基挤实后要求达到的孔隙比;

e_{max}、e_{min}——砂土的最大、最小孔隙比,试验确定;

D_r——地基挤实后要求砂土达到的相对密实度,可取0.70~0.85。

8.10.5.2 对黏性土地基,应根据加固目的确定面积置换率。按布置方式不同,桩距可按下列公式计算。对一般黏性土地基,间距不宜大于砂桩直径的3倍。

(1)等边三角形布置时,间距按下式计算:

$$s = 1.08\sqrt{A_e} \quad (8.10.5\text{-}4)$$

(2)正方形布置时,间距按下列公式计算:

$$s = \sqrt{A_e} \quad (8.10.5\text{-}5)$$

$$A_e = \frac{A_p}{m} \quad (8.10.5\text{-}6)$$

式中 s——砂桩间距(m);

A_e——单根砂桩承担的处理面积(m^2);

A_p——单根砂桩的截面积(m^2);

m——砂桩的面积置换率。

8.10.6 桩长可根据工程要求和工程地质条件,通过计算确定并应符合下列规定。

8.10.6.1 当松软土层厚度不大时,砂桩宜穿过松软土层。

8.10.6.2 当松软土层厚度较大时,对按稳定性控制的工程,砂桩底端应超过潜在滑动带以下3m的深度;对按变形控制的工程,桩长应满足建筑物对地基变形的要求,并满足软弱下卧层承载力的要求。

8.10.6.3 对可液化的地基,桩长应按要求处理液化的深度确定。

8.10.6.4 桩长不宜小于4m。

8.10.7 陆上砂桩桩体材料宜采用中砂、粗砂,含泥量不得大于5%。对挤密砂桩,当无中砂、粗砂料源时,桩体材料可采用细砂;水下挤密砂桩桩体材料宜采用中砂、粗砂,含泥量不宜大于5%,砂料中可含有粒径不大于50mm的碎石,碎石含量不宜大于10%。

8.10.8 砂桩桩孔内的填料量应通过现场试验确定,估算时可按设计桩孔体积乘以充盈系数β确定,β可取1.2~1.5。

8.10.9 加固饱和黏性土时，砂桩顶部宜设置砂垫层。砂垫层材料宜采用粗砂或中砂，含泥量不得大于5%。砂垫层厚度陆上宜为300mm～500mm，水下宜为1000mm～2000mm。

8.10.10 砂桩复合地基承载力宜通过载荷试验确定，也可按式(8.9.2)估算。

8.10.11 对砂桩和置换率小于0.5的挤密砂桩，复合地基的沉降计算可按第7.2节的有关规定执行。对置换率不小于0.5的挤密砂桩，复合地基的沉降可按下式计算。

$$S_c = (1 - m) \times S \tag{8.10.11}$$

式中 S_c——复合地基沉降；

m——置换率；

S——对应的天然地基条件下的沉降，按第7.2节有关规定计算。

8.10.12 当砂桩用于处理岸坡地基时，应按第6章有关规定进行抗滑稳定性验算。复合地基的抗剪强度可按式(8.9.2-4)和式(8.9.2-5)计算。

8.10.13 加固饱和黏性土时，宜考虑地基土强度的增长。桩间土的强度可按下列公式计算：

$$c_{sk} = c_{S0k} + \mu_s \sigma_{zk} \tan\varphi_{cq} U_{rz} \tag{8.10.13-1}$$

$$\mu_s = 1/[1 + (n-1)m] \tag{8.10.13-2}$$

式中 c_{sk}——桩间土抗剪强度标准值；

c_{S0k}——加载前的桩间土抗剪强度标准值；

μ_s——应力降低系数；

σ_{zk}——桩顶平面上作用的荷载在计算点引起的附加应力，按弹性理论计算；

φ_{cq}——桩间土的固结不排水内摩擦角；

U_{rz}——应力固结度，按砂井固结理论计算；

n——桩土应力比，$n = 2 \sim 3$；

m——置换率。

8.10.14 对沉降要求严格的建筑物采用砂桩地基时，应采取预压等措施减小工后沉降以满足要求。

8.10.15 挤密砂桩的设计除应符合本规范规定外，尚应符合国家现行有关标准的规定。

8.11 碎石桩法

8.11.1 处理范围应根据建筑物基础结构形式、受力特点及建筑物的重要性和场地条件确定，宜在基础外缘扩大2～3排桩；当软土层较厚或荷载较大时，应通过计算确定基础外缘扩大桩排数；对可液化地基，应在基础外缘扩大2～4排桩，扩展宽度不应小于基底下可液化土层厚度的1/2，且不小于5.0m。

8.11.2 桩位布置形式应根据处理面积和基础形式确定。对大面积满堂处理，宜用等边三角形布置；对单独基础或长条形基础，宜用正方形、矩形或等腰三角形布置。

8.11.3 桩的间距应根据上部结构荷载大小和场地土层情况，通过现场试验确定，可采用1.3m～4.0m，无试验资料时可按8.10.5条确定。

8.11.4 桩的直径应根据设计所需的面积置换率和桩间距确定，宜采用0.8m～1.5m。

8.11.5 桩长不宜小于4m。软弱土层较薄时,桩长应按穿过软弱土层至相对硬层确定;软弱土层深厚时,桩长应满足使复合地基的沉降量不超过建筑物地基容许沉降量并满足软弱下卧层承载力的要求;以稳定性控制的碎石桩应穿过危险滑动面以下至少3.0m;可液化地基的桩长应满足抗震要求。

8.11.6 碎石桩顶和基础之间宜铺设一层300mm~500mm厚的碎石垫层。

8.11.7 桩体材料宜采用含泥量不大于5%的碎石,结合当地材料来源也可采用卵石、角砾、圆砾等硬质材料,不宜选用风化易碎石料。常用的填料粒径宜按表8.11.7选取且不应采用单一粒径填料。

表8.11.7 填料粒径选择

振冲器(kW)	填料粒径(mm)	振冲器(kW)	填料粒径(mm)
30	20~80	75	40~150
55	30~100	130	50~200

8.11.8 碎石桩桩体的碎石用量应通过现场试验确定,估算时可按照桩孔体积乘以充盈系数β确定,β可取1.2~1.5。

8.11.9 采用碎石桩法加固土坡的抗滑稳定分析应按第6章有关规定执行,复合土层的抗剪强度标准值可按式(8.9.2-4)和式(8.9.2-5)计算。

8.11.10 碎石桩复合地基承载力特征值应按照国家现行标准《建筑地基基础设计规范》(GB 50007)有关规定执行。

8.11.11 碎石桩复合地基最终沉降量计算可按第7.2节的有关规定计算。

8.12 水泥搅拌桩法

8.12.1 用水泥搅拌桩法处理偏酸性软土、泥炭土和腐殖土或有机质含量较高的软土、地下水具有侵蚀性的软基时,应通过现场试验确定其适用性。

8.12.2 水泥搅拌桩的置换率和桩长应根据建筑物对地基承载力、变形和稳定性的要求来确定。

8.12.3 设计前应先按照附录N的规定进行室内配合比试验。

8.12.4 设计时应根据被加固土中最软弱土层或透水土层的性质选择合适的配合比参数。

8.12.5 固化剂宜选用强度等级32.5及以上的硅酸盐水泥,特殊情况下可根据被加固土体性质及地下水腐蚀情况选用不同种类的水泥。水泥掺入比为被加固土质量的7%~20%,特殊情况下可通过试验提高掺入比。可根据需要选择早强、缓凝、减水以及适合当地土质的外加剂。

8.12.6 陆上水泥搅拌桩设计应符合下列规定。

8.12.6.1 搅拌桩平面布置可根据地基土性质、地基处理的目的、上部结构形式及对地基作用的荷载条件等综合分析后采用柱式、壁式、格栅式或块式等加固形式。

8.12.6.2 搅拌桩径宜为0.5m~0.7m,当需要搭接时,搭接宽度不宜小于200mm。

8.12.6.3 单桩承载力应通过现场载荷试验确定。试验前可参照地层条件类似的工程经验估算，或按式(8.12.6-1)和式(8.12.6-2)计算，并取其较小值。

$$R_a = u_p \sum_{i=1}^{n} q_{si} l_i + \alpha q_p A_p \tag{8.12.6-1}$$

$$R_a = \eta f_{cu} A_p \tag{8.12.6-2}$$

式中 R_a——单桩竖向承载力特征值(kN)；

u_p——桩的周长(m)；

n——桩长范围内划分的土层数；

q_{si}——桩周第 i 层土的侧阻力特征值(kPa)；淤泥可取5kPa～8kPa；淤泥质土可取8kPa～12kPa；软塑状的黏性土可取12kPa～18kPa；可塑状态的黏性土可取18kPa～24kPa；可按现行国家标准《建筑地基基础设计规范》(GB 50007)有关规定或地区经验确定；

l_i——桩长范围内第 i 层土的厚度(m)；

α——桩端天然地基土的承载力折减系数，可取0.4～0.6，桩端天然土承载力高时取高值；

q_p——桩端地基土未经修正的承载力特征值(kPa)，可按现行国家标准《建筑地基基础设计规范》(GB 50007)的有关规定确定；

A_p——搅拌桩的截面积(m^2)；

η——桩身强度折减系数，可取0.25～0.33；

f_{cu}——与旋喷桩桩身水泥土配比相同的室内加固土试块(边长为70.7mm的立方体)在标准养护条件下90d龄期的立方体抗压强度平均值(kPa)。

8.12.6.4 水泥土搅拌桩复合地基的承载力特征值应通过现场单桩或多桩复合地基载荷试验确定。试验前可按下式估算：

$$f_{spk} = m\frac{R_a}{A_p} + \beta(1-m)f_{sk} \tag{8.12.6-3}$$

式中 f_{spk}——复合地基承载力特征值(kPa)；

m——搅拌桩的面积置换率(%)；

R_a——单桩竖向承载力特征值(kN)；

A_p——搅拌桩的截面积(m^2)；

β——桩间土承载力折减系数，当桩端土为软土时，按 $\beta=0.5\sim1.0$；当桩端土为硬土时，取 $\beta<0.5$；当不考虑桩间土软土作用时，取 $\beta=0$；

f_{sk}——处理后桩间土承载力特征值(kPa)，可取天然地基承载力特征值。

8.12.6.5 加固设计时可根据地基承载力要求，按下式估算搅拌桩的面积置换率。

$$m = \frac{f_{spk} - \beta f_{sk}}{\frac{R_a}{A_p} - \beta f_{sk}} \tag{8.12.6-4}$$

式中 m——搅拌桩的面积置换率(%)；

f_{spk}——复合地基承载力特征值(kPa)；

β——桩间土承载力折减系数，当桩端土为软土时，按 $\beta=0.5\sim1.0$；当桩端土为硬

土时,取$\beta<0.5$;当不考虑桩间土软土作用时,取$\beta=0$;

f_{sk}——处理后桩间土承载力特征值(kPa),可取天然地基承载力特征值;

R_a——单桩竖向承载力特征值(kN);

A_p——搅拌桩的截面积(m^2)。

8.12.6.6 搅拌桩可在上部结构物基础范围内布桩,桩数可按下式计算,独立基础下的桩数不宜少于3根。柱状加固可采用正方形、等边三角形等布桩形式。

$$N=\frac{mA}{A_p} \tag{8.12.6-5}$$

式中 N——布桩总数(根);

m——搅拌桩的面积置换率(%);

A——上部结构物基础底面积(m^2);

A_p——搅拌桩的截面积(m^2)。

8.12.6.7 在搅拌桩处理范围以下存在软弱下卧层,当搅拌桩面积置换率大于20%且为多排布置时,应将搅拌桩群体和桩间土视为一个复合土体,用下式进行下卧层地基强度的验算:

$$P_b=\frac{f_{spk}A+G-A_s q_s-f_{sk}(A-A_1)}{A_1}<f_Z \tag{8.12.6-6}$$

式中 P_b——复合土体底面压力(kPa);

f_{spk}——复合地基承载力特征值(kPa);

A——上部结构物基础底面积(m^2);

G——复合土体自重(kN);

A_s——复合土体的侧表面积(m^2);

q_s——桩周土侧阻力特征平均值(kPa);

f_{sk}——处理后桩间土承载力特征值(kPa),可取天然地基承载力特征值;

A_1——复合土体底面积(m^2);

f_Z——复合土体底面经修正后的地基承载力特征值(kPa)。

8.12.6.8 搅拌桩复合地基应在基础和桩之间设置垫层。垫层厚度可取200mm~300mm,其材料可选用中砂、粗砂、级配碎石等,最大粒径不宜大于20mm。对基础有防渗要求的建筑物,应采用低强度等级的素混凝土垫层或有一定强度的水泥土垫层。采用水泥土垫层时土料宜使用黏性土,水泥掺量不应小于20%。

8.12.6.9 搅拌桩复合地基的稳定和沉降可按第6章和第7章的有关规定进行计算。

8.12.7 水下水泥搅拌桩设计应符合下列规定。

8.12.7.1 搅拌桩平面布置应根据地基土性质、地基处理的目的、上部结构形式及对地基作用的荷载条件等综合分析后采用柱式、块式或壁式,具体应通过技术经济比较确定。

8.12.7.2 搅拌桩的直径不得小于1.0m。相邻桩的搭接宽度不应小于桩径的1/6,且不得小于200mm。

8.12.7.3 当拌和体作为重力式结构基础时，拌和体顶部应设有抛石基床，拌和体顶部隆起土的未清除部分应满足设计强度要求，抛石基床的厚度不应小于0.5m，且不应大于1.5m。当抛石基床的厚度大于1.0m时，宜采用重锤低落距拍夯，拍夯能宜取80kJ/m^2～100kJ/m^2。

8.12.7.4 拌和体应设置结构缝，结构缝的位置宜与上部结构分缝的位置相对应，结构缝的间距不宜小于8m。

8.12.7.5 拌和土的抗压强度标准值应根据施工工期长短，取室内配合比试验拌和土90d或120d龄期的无侧限抗压强度。施工期各阶段计算情况应取相应龄期拌和土的强度。

8.12.7.6 拌和体的抗压强度标准值可按下式计算：

$$\sigma_{cak}=\kappa f_{cu} \tag{8.12.7-1}$$

式中 σ_{cak}——拌和体抗压强度标准值(kPa)；

κ——换算系数，可取0.6；

f_{cu}——拌和土的抗压强度标准值(kPa)，应根据施工工期长短，取相应龄期的室内配合比试验拌和土强度。

8.12.7.7 拌和体的抗剪强度标准值可按下式计算：

$$\tau_{ak}=0.5\sigma_{cak} \tag{8.12.7-2}$$

式中 τ_{ak}——拌和体抗剪强度标准值(kPa)；

σ_{cak}——拌和体抗压强度标准值(kPa)。

8.12.7.8 拌和体的宽度和深度应根据强度、稳定性和地基承载力的要求计算确定，并应满足构造要求。

8.12.7.9 壁式拌和体的壁间宽度应根据稳定性和地基承载力的要求确定，其短壁深度应根据其抗剪强度要求确定，且不宜小于3m。

8.12.7.10 块式拌和体的体积应按拌和体四周拌和土桩搭接交点的连线所包围的面积乘以拌和体的深度计算。

8.12.7.11 壁式拌和体体积应按下列方法计算：

(1)长壁和短壁的宽度以拌和土桩搭接交点的连线计算；

(2)拌和体的宽度以最外侧拌和土桩搭接交点的连线间的宽度计算；

(3)拌和体的体积以长壁和短壁四周拌和土桩搭接交点连线所包围的面积分别乘以长壁和短壁深度之和计算，见图8.12.7-1和图8.12.7-2。

8.12.7.12 拌和体工程量可根据工程的具体情况计算确定，也可取拌和体的体积乘以系数1.10的计算值。

8.12.7.13 拌和体的稳定性验算和强度验算可按附录P的规定执行。

8.12.7.14 块式拌和体基础的正常使用极限状态设计应进行持久状况作用效应长期组合的地基沉降计算。

8.12.7.15 当拌和体着底土层以下存在可压缩土层时，应按照第7章的有关规定计算可压缩土层的沉降量，计算时拌和体的沉降可忽略不计。

8.12.7.16 拌和体的抗震设计应按现行行业标准《水运工程抗震设计规范》(JTS 146)的有关规定执行。

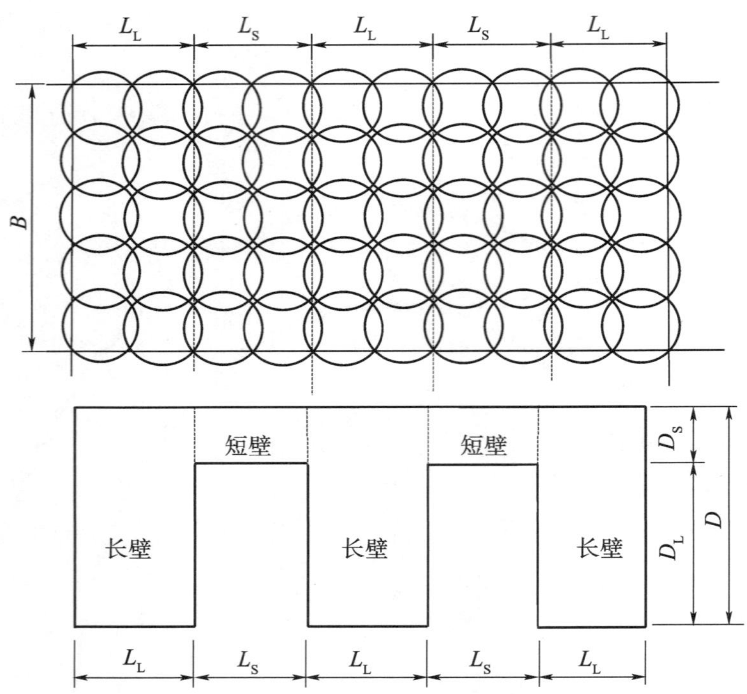

图 8.12.7-1 壁式拌和体尺寸示意图

L_L-长壁宽度;L_S-短壁宽度;B-拌和体宽度; D-长壁深度;D_S-短壁深度;D_L-长短壁深度差

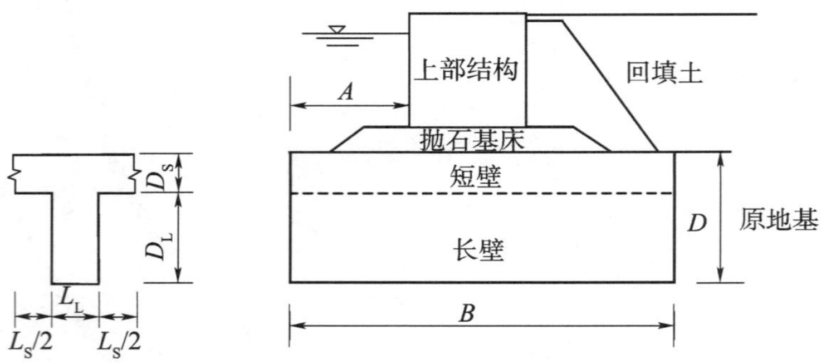

图 8.12.7-2 壁式拌和体结构断面示意图

A-拌和体前趾长度;B-拌和体宽度;D-长壁深度;D_S-短壁深度;D_L-长短壁深度差;L_L-长壁宽度;L_S-短壁宽度

8.13 高压喷射注浆法

8.13.1 高压喷射注浆形成的加固体强度和范围,应通过现场试验确定。当无现场试验资料时,亦可参照相似土质条件的工程经验确定。

8.13.2 当土中含有较多的大粒径块石、大量植物根茎或有较高的有机质时,以及地下水流速过大和已涌水的工程,应根据现场试验结果确定其适用性。

8.13.3 高压喷射注浆法分旋喷、定喷和摆喷三种类别。根据工程需要和土质条件,可分别采用单管法、双管法和三管法。加固形状可分为柱状、壁状、条状和块状,单桩直径宜为

0.6m～1.2m。

8.13.4 竖向承载旋喷桩复合地基承载力特征值应通过现场复合地基载荷试验确定。估算时，也可按式（8.9.2-3）进行估算。

8.13.5 单桩竖向承载力特征值可通过现场单桩载荷试验确定。也可按式（8.12.6-1）和式（8.12.6-2）估算，取其中较小值。

8.13.6 当旋喷桩处理范围以下存在软弱下卧层时，应按现行国家标准《建筑地基基础设计规范》（GB 50007）的有关规定进行下卧层承载力验算。

8.13.7 竖向承载旋喷桩复合地基宜在基础和桩顶之间设置褥垫层。褥垫层厚度可取150mm～300mm，其材料可选用中砂、粗砂、级配砂石等，最大粒径不宜大于20mm。褥垫层的夯填度不应大于0.9。

8.13.8 竖向承载旋喷桩的平面布置可根据上部结构和基础特点确定。独立基础下的桩数不宜少于4根。

8.13.9 桩长范围内复合土层以及下卧层地基变形值应按第7.2节的有关规定计算。

8.13.10 高压喷射注浆法用于深基坑等工程形成连续体时，相邻桩搭接不宜小于300mm，并应符合国家现行的有关规范的规定。

8.13.11 高压喷射注浆方案确定后，宜结合工程情况进行现场试验，根据试验结果对设计参数进行优化。

8.14 岩石地基及边坡

8.14.1 岩石地基处理适用于处理与工程有关的人工岩石地基和天然岩石地基。经过处理后岩石地基应满足承载力、稳定和变形的要求。

8.14.2 置于完整、较完整、较破碎岩体上的建筑物可仅进行地基承载力计算。

8.14.3 对于风化岩、软岩，地基岩体中节理裂隙发育、存在断层或溶洞时，可采取下列措施进行加固并应符合现行国家标准《建筑地基基础设计规范》（GB 50007）的有关规定。

8.14.3.1 地基承载力不能满足要求时，应根据岩石风化程度和抗压强度，确定需挖除的风化岩深度，开挖后岩面高程低于上部建筑物基底时，可填筑混凝土。

8.14.3.2 对软岩、极软岩地基，开挖后应作及时的封闭保护。对遇水软化和膨胀、易崩解的岩石应采取保护措施减少其对岩体承载力的影响。

8.14.3.3 对于节理、裂隙发育及破碎程度较高的不稳定岩体，可采用注浆加固和清爆填塞等措施。

8.14.3.4 当建筑物坐落在倾斜的岩石地基上时，应对岩石地基进行稳定性分析，必要时可采取锚杆或锚索进行锚固处理，锚索宜采用钢筋、钢丝或钢束等高强度钢件。

8.14.3.5 岩石地基主要受力层深度内存在软弱下卧岩层时，应考虑软弱下卧岩层的影响进行地基稳定性验算。

8.14.3.6 对岩石地基中断层破碎带，应将断层内断层角砾岩、断层泥挖除至一定深度，回填混凝土形成混凝土塞。

8.14.3.7 在碳酸盐岩为主的可溶性岩石地区，当存在溶洞、溶蚀裂隙等岩溶现象时，应考虑其对地基稳定的影响。对地基稳定性有影响的岩溶洞隙,应根据其位置、大小、埋深、围岩稳定性和水文地质条件综合分析,采取镶补、嵌塞、跨越、堵塞等处理措施。具体设计应符合现行国家标准《建筑地基基础设计规范》(GB 50007)的有关规定。

8.14.4 存在下列情况之一且未经处理的场地,不应作为建筑物地基:

(1)浅层溶洞成群分布,洞径大,且不稳定的地段;

(2)漏斗、溶槽等埋藏浅,其中充填物为软弱土体;

(3)塌陷岩溶强发育的地段;

(4)岩溶水排泄不畅,有可能造成场地暂时淹没的地段。

8.14.5 对于完整、较完整的坚硬岩、较硬岩地基,当符合下列条件之一时,可不考虑岩溶对地基稳定性的影响:

(1)洞体较小,基础底面尺寸大于洞的平面尺寸,并有足够的支承长度;

(2)顶板岩石厚度大于或等于洞的跨度。

8.14.6 岩石边坡处理适用于处理与工程有关的人工岩石边坡和天然岩石边坡。

8.14.7 边坡浅表层应根据岩体力学特性、边坡结构和边坡变形与破坏机制,采用锚杆、挂金属网、喷混凝土、混凝土格构等方法进行加固,并应符合下列规定。

8.14.7.1 当边坡浅表层岩体有产状不利的层理、片理、节理、裂隙和断层等结构面组合成较普遍分布的可动块体和楔体,容易发生滑动、倾倒或溃屈等破坏时,应对其进行稳定分析和加固处理。

8.14.7.2 边坡浅表层加固深度应根据可动块体和楔体的埋藏深度、岩体风化、卸荷松动深度确定。锚固方向应按可动块体和楔体的滑动方向确定。

8.14.7.3 岩体浅表层完整程度较好时可采用系统锚杆或随机锚杆加固,岩体表层强烈风化破碎时应采用锚杆、挂金属网、喷混凝土或锚杆、混凝土格构等组合加固形式。

8.14.7.4 锚杆的直径和间距应根据不稳定块体下滑力计算分析或通过工程类比确定。

8.14.7.5 当混凝土格构参与抗滑作用时,应对其断面进行抗剪和抗弯计算。

8.14.8 边坡坡面应结合地形、地质、气候条件和环保要求采用喷浆、喷混凝土、植被覆盖、砌石覆盖、护面墙等措施进行保护,并应符合下列规定。

8.14.8.1 对于有安全要求、环保要求的边坡和可能受降雨冲刷的边坡应进行坡面保护。

8.14.8.2 稳定性较好但表层有零星危岩或松动石块的高陡边坡,可采用局部清除、局部锚固和拦石网、拦石沟、挡石墙等措施进行防护。

8.14.8.3 坡率缓于1:0.5、易风化但未遭强风化的岩石边坡,可采用喷护防护。喷浆防护厚度不宜小于50mm,采用的砂浆强度不应低于M10。喷射混凝土防护厚度不宜小于80mm,混凝土强度不应低于C15。喷护坡面应设置泄水孔和伸缩缝。

8.14.8.4 严重风化的软质岩石边坡,坡率缓于1:1时,可采用铺草皮的植被防护。

8.14.8.5 坡率缓于1:1.25的强风化岩石边坡可采用三维植被网防护。三维植被网中的回填土采用客土或土、肥料及含腐殖质土的混合物。

8.14.8.6 严重风化岩石且坡率缓于1:0.5的边坡可采用湿法喷播护面。

8.14.8.7 风化岩石、土壤较少的软质岩石可采用客土喷播护面，当坡度陡于1:1时，宜设置挂网或混凝土格构。

8.14.8.8 坡率缓于1:0.75的全风化岩石边坡可采用浆砌块（片）石或水泥混凝土骨架植被护面。当坡面受雨水冲刷严重或潮湿时，坡度应缓于1:1。在降雨量较大且集中的地区，骨架宜做成截水沟型。截水沟断面尺寸由降雨强度计算确定。

8.14.8.9 坡体中无不良结构面、风化破碎的岩石边坡可采用锚杆混凝土格构植物防护。锚杆宜采用非预应力的全长粘结型锚杆，锚杆间距、长度应根据边坡地质情况确定，锚杆保护层厚度不应小于20mm。格构采用钢筋混凝土，混凝土强度不应低于C25，格构几何尺寸应根据边坡高度和地层情况等确定，格构内宜植草；格构断面高×宽不宜小于300mm×250mm，最大不宜超过500mm×400mm。

8.14.8.10 坡率缓于1:0.75的全风化、强风化岩石边坡，可采用多边形水泥混凝土空心块植物护面，并视需要设置浆砌块（片）石或混凝土骨架。多边形水泥混凝土预制块的混凝土强度不应低于C20，厚度不应小于150mm。空心预制块内应填充种植土，喷播植草。

8.14.8.11 坡面为破碎结构的硬质岩石或层状结构的不连续地层以及坡面岩石与基岩分开并有可能下滑的挖方边坡，可采用锚杆挂网喷浆或喷混凝土护面。锚杆应嵌入稳固基岩内，锚固深度应根据岩体性质确定。钢筋网喷射混凝土支护厚度为100mm～250mm。钢筋保护层厚度不应小于20mm。

8.14.8.12 坡度缓于1:1.25的岩石边坡，凡受到水流冲刷等有害影响且水流流速不大于3m/s的部位可采用干砌块（片）石护坡。护坡厚度不宜小于250mm。铺砌层下应设置碎石或砂砾垫层，厚度不宜小于100mm。

8.14.8.13 坡度缓于1:1的易风化岩石边坡采用干砌块（片）石不适宜或效果不好时可采用浆砌块（片）石护坡。对于水流流速为4m/s～5m/s、波浪作用较强，以及可能有流冰、漂浮物等冲击作用时，可采用浆砌块（片）石防护并结合其他防护加固措施。护坡厚度宜为300mm～500mm，用于防冲刷时，最小厚度不宜小于350mm。石料强度等级不应低于MU30，砂浆强度不应低于M5，在严寒地区和地震地区或水下部分的砌筑砂浆强度等级不应低于M7.5，护坡应设置伸缩缝和泄水孔，伸缩缝间距宜为20m～25m、缝宽20mm～30mm；缝中应填塞沥青麻筋或其他有弹性的防水材料。铺砌层下应设置碎石或砂砾垫层，厚度不宜小于100mm。

8.14.8.14 易风化或风化严重的软质岩石或较破碎岩石的挖方边坡，边坡不陡于1:0.5，可采用护面墙防护。护面墙类型应根据边坡地质条件确定，窗孔式护面墙防护的边坡不应陡于1:0.75；拱式护面墙适用于边坡下部岩层较完整而上面需防护的边坡，坡度应缓于1:0.5。单级护面墙的高度不宜超过10m，并应设置伸缩缝和泄水孔。护面墙顶宽不应小于500mm，底宽不应小于1000mm。护面墙基础应设置在稳定的地基上，埋置深度应根据地质条件确定；护面墙前趾应低于边沟铺砌的底面。护面墙可采用浆砌条石、块石、片石或混凝土预制块等作为砌筑材料，也可现浇素混凝土；伸缩缝的间距宜为

20m～25m,但对素混凝土护面墙应为10m～15m。

8.14.8.15 较坚硬且不易风化的岩石边坡,节理裂缝多而细时可用勾缝防护,节理裂缝大而深时可用灌浆防护。

8.14.9 表层风化破碎的岩石边坡坡脚应根据实际情况采用混凝土挡墙、浆砌石挡墙、块石笼挡墙等措施进行保护。

8.14.10 岩石边坡的设计尚应符合现行国家标准《建筑边坡工程技术规范》(GB 50330)的有关规定。

8.14.11 岩石地基应根据建筑物的重要性及岩石的断裂情况设置一定数量的观测点和检测设施进行位移和沉降观测。

8.14.12 边坡设计应设置位移与变形观测点,进行坡面位移、沉降、裂缝长度与开度的检测。必要时应进行安全监测,监测系统设计应符合现行国家标准《建筑边坡工程技术规范》(GB 50330)的有关规定。

8.15 其他方法

8.15.1 抛石挤淤法的设计应符合下列规定。

8.15.1.1 抛石挤淤法适用于处理淤泥、淤泥质土等软土地基。

8.15.1.2 抛石挤淤深度应根据土质、工程断面、施工方式等结合实际经验综合确定,挤淤深度不宜大于4m。

8.15.1.3 设计断面应进行稳定验算和沉降计算。

8.15.1.4 应对抛石挤淤后形成的实际断面进行检测。

8.15.2 石灰桩法的设计应符合下列规定。

8.15.2.1 石灰桩法适用于处理饱和黏性土、淤泥、淤泥质土、素填土和杂填土等地基;用于地下水位以上土层时,宜增加掺合料的含水率并减少生石灰用量,或采取土层浸水等措施。

8.15.2.2 对重要工程或缺少经验的地区,设计参数应根据现场典型试验确定。

8.15.2.3 石灰桩复合地基承载力不宜超过160kPa,当土质较好并采取保证桩身强度的措施时,经过试验可适当提高。

8.15.2.4 石灰桩采用的生石灰和掺合料的配合比可选用1:1或1:2,宜根据地质情况确定。对于淤泥、淤泥质土等软土可适当增加生石灰用量,桩顶附近生石灰用量不宜过大。掺合料宜选用粉煤灰、火山灰、炉渣等工业废料。当掺石膏和水泥时,掺加量宜为生石灰用量的3%～10%。

8.15.2.5 石灰桩成孔直径宜为300mm～400mm,中心距可取2～3倍孔直径,桩长宜为6m～8m。

8.15.2.6 石灰桩复合地基承载力应通过单桩或多桩复合地基承载力试验确定,无试验资料时可按式(8.9.2-3)进行估算。地基变形应按第7.2节的有关规定计算。

8.15.3 碾压密实法的设计应符合下列规定。

8.15.3.1 碾压密实法适用于处理黏土、砂性土、碎石土、杂填土等地基。

8.15.3.2 采用碾压密实法处理地基应提出碾压材料要求和碾压后的密实度要求，碾压材料不得使用淤泥、耕土、冻土、膨胀土和有机质含量大于5%的土。

8.15.3.3 设置在斜坡上的碾压填土应验算地基稳定性。

8.15.3.4 碾压深度和碾压分层厚度可根据工程实际情况，结合经验确定。重要工程或缺少经验地区，应通过试验确定。

8.15.3.5 碾压材料的最大干密度和最优含水率宜采用击实试验确定。

8.15.3.6 碾压后的土层应进行密实度等检验。

8.15.4 电渗法的设计应符合下列规定。

8.15.4.1 电渗法适用于处理黏性土地基。

8.15.4.2 采用电渗法处理时，应进行现场试验，确定电渗法处理软土地基加固效果，并确定电极间距、长度、电压、电流等施工参数。

9 监测和检测

9.1 一般规定

9.1.1 设计应根据工程的重要性、工程规模、地基处理方法、地质条件和环境影响综合确定监测和检测的项目,各项目的数量和布置应能满足地基工程质量安全监控和效果评价的要求。

9.1.2 地基处理试验区可适当增加监测和检测的项目和数量。

9.2 监测

9.2.1 设计应根据工程具体情况提出监测技术要求,明确监测的项目、位置及数量。

9.2.2 各类建筑物地基主要监测项目应按表9.2.2选用。

表9.2.2 各类建筑物地基的主要监测项目

建筑物类型	地基监测项目						
	表面位移	土体深层位移	地基沉降	土体孔隙水压力	结构物变形和倾斜	土体裂缝开展	土压力
重力式码头	★	—	★	—	★	☆	☆
高桩码头	★	☆	★	☆	★	☆	—
板桩码头	★	☆	☆	☆	☆	☆	☆
斜坡码头	★	—	★	—	★	☆	—
防波堤	☆	☆	★	☆	☆	—	—
护岸	★	☆	★	☆	☆	☆	☆
船闸	★	—	☆	☆	★	☆	☆
整治建筑物	☆	—	☆	☆	☆	—	—

注:①★为应测项目,☆为选测项目,—为不规定项目。
②在软土地基上修建码头、防波堤和护岸应对土体深层位移进行观测。

9.2.3 地基处理工程的主要监测项目应按表9.2.3选用。

9.2.4 监测项目布置数量应符合下列规定。

9.2.4.1 地基处理面积较大时,宜按照每20000m^2~30000 m^{2}作为1个监测区或按照施工分区布置监测项目。

9.2.4.2 当处理狭长地段时,宜按照每50m~200m布置1个监测断面布置监测项目。

9.2.4.3 当地质情况或设计参数发生大的变化时,宜增加监测项目的数量。

9.2.4.4 作为验证性质的试验区或在工程经验缺乏时可根据实际工程需要布置表

(9.2.3)以外的监测项目。

表 9.2.3 各地基处理方法监测项目表

地基处理方法	表层沉降	分层沉降	表层水平位移	隆起	深层水平位移	孔隙水压力	水位	振动	裂缝
换填砂垫层法	☆	—	—	—	☆	☆	☆	—	—
爆破法	★	—	☆	☆	—	—	—	☆	—
加筋垫层法	★	☆	★	☆	☆	☆	☆	—	—
堆载预压法	★	★	☆	☆	★	★	★	—	—
真空预压法	★	★	—	—	★	★	★	—	—
轻型真空井点法	★	★	☆	—	☆	★	★	—	—
强夯法和强夯置换法	★	☆	☆	☆	☆	☆	☆	☆	—
降水强夯法	★	☆	☆	☆	☆	★	★	☆	—
振冲挤密法和振冲置换法	☆	—	☆	☆	☆	☆	★	—	—
砂桩法和挤密砂桩法	★	—	☆	☆	☆	☆	★	—	—
碎石桩法	★	—	☆	☆	☆	☆	★	—	—
水泥搅拌法	★	—	☆	☆	☆	—	☆	—	—
高压喷射注浆法	★	—	☆	☆	☆	—	☆	—	—
岩石地基处理	☆	—	☆	—	—	—	—	—	☆
岩石边坡处理	☆	—	☆	—	—	—	—	—	☆

注：★为应测项目，☆为选测项目，—为不规定项目。

9.2.5 采用爆炸法、强夯法、砂桩法、水泥搅拌桩法、高压喷射注浆法等处理地基时，应在周边岸坡布置监测项目并加强巡视。

9.3 检 测

9.3.1 设计应根据工程具体情况提出检测技术要求，明确检测的项目、位置及数量。

9.3.2 在地基处理时，应按表 9.3.2 所列项目进行检测。

表 9.3.2 各地基处理方法检测项目表

地基处理方法	原状取土	现场十字板	载荷试验	标准贯入	动力触探	静力触探
换填砂垫层法	☆	—	☆	☆	☆	☆
爆破法	★	—	☆	—	☆	—
加筋垫层法	★	☆	☆	☆	☆	☆
堆载预压法	★	★	☆	☆	☆	☆
真空预压法	★	★	☆	☆	—	☆

续表 9.3.2

地基处理方法	原状取土	现场十字板	载荷试验	标准贯入	动力触探	静力触探
强夯法和强夯置换法	☆	—	★	☆	☆	☆
降水强夯法	★	☆	★	☆	☆	☆
振冲挤密法和振冲置换法	☆	☆	★	★	☆	☆
砂桩法和挤密砂桩法	★	—	★	★	☆	☆
碎石桩法	☆	—	★	☆	★	☆
水泥搅拌法	★	—	★	—	☆	—
高压喷射注浆法	★	—	☆	—	☆	—
岩石地基及边坡	—	—	☆	—	—	—

注:★为应检项目,☆为选检项目,—为不规定项目。

9.3.3 地基处理前后均应进行检测,处理前的检测项目可适当减少。

9.3.4 检测项目布置数量应符合下列规定。

9.3.4.1 处理面积较大时,应按照每 $20000m^2 \sim 30000m^2$ 作为1个检测区或按照施工分区布置检测项目。

9.3.4.2 处理狭长地段时,应按照每50m~200m布置1个检测断面布置检测项目。

9.3.4.3 作为验证性质的试验区或在工程经验缺乏时可根据实际工程需要布置表9.3.2以外的检测项目。

9.3.4.4 强夯和降水强夯处理后对于简单场地上的一般建筑物地基,载荷试验检验点不宜少于3点;对于复杂场地或重要建筑物地基应增加检验点数。对强夯置换法尚应检验置换墩着底情况及承载力与密度随深度的变化。

9.3.4.5 砂桩的长度、桩身密实度和连续性可采用标准贯入等方法进行检验。检测数量不应少于桩孔总数的0.5%且不应少于10根。对重力式岸壁结构,宜进行承载力检验,试验数量不应少于3点。

9.3.4.6 对于振冲桩、水泥搅拌桩、碎石桩等复合地基,应进行单桩载荷试验和复合地基载荷试验,必要时还应进行多桩复合地基载荷试验。对水上重大工程应进行水底复合地基载荷试验。检测数量应符合下列规定:

(1)振冲桩按每200~400根桩随机抽取一根进行单桩载荷试验和复合地基载荷试验,试验桩总数不少于3根,必要时进行3~4组单桩复合地基载荷试验或多桩复合地基载荷试验;

(2)碎石桩按每200~400根桩随机抽取一根进行单桩载荷试验和复合地基载荷试验,试验桩总数不少于3根,同时对桩体采用动力触探试验检测,对桩间土采用标准贯入、静力触探、动力触探等方法检测,检测数量不少于桩总数的2%;

(3)水泥搅拌桩复合地基载荷试验和单桩载荷试验的检验数量为总桩数的0.5%~1%,且每项单体工程不少于3点,桩长及桩身强度检验采用钻孔取芯检验,检验数量为总桩数的0.5%~1%,且不少于3根。

9.3.5 地基处理对原地基土的强度有扰动时,处理后的效果检测应在施工结束后一定时间后进行,对砂土地基,间隔时间可取 1 周,对黏性土地基,可取 3 ~ 4 周,对粉土地基,可取 2 ~ 3 周。

9.3.6 单桩载荷试验和复合地基载荷试验应按国家现行标准《建筑地基基础设计规范》(GB 50007)和《建筑地基处理技术规范》(JGJ 79)的有关规定执行。

附录A 岩土基本变量的概率分布及统计参数的近似确定方法

A.1 一般规定

A.1.1 进行样本统计分析,首先应按代表性分区,根据工程地质勘察确定的不同地质单元,区分属于不同母体的子样,分别对不同土层的岩土基本变量进行统计。

A.1.2 岩土基本变量应包括物理性指标和力学性指标。

A.1.3 基本变量的概率分布,应根据样本数据和估计的样本特征参数进行不同分布的拟合优度检验,得出合适的分布。除固结系数外,其余物理力学指标可选择为正态分布。黏聚力和内摩擦角应考虑互相关。

A.2 岩土基本变量统计参数的确定方法

A.2.1 除土的抗剪强度指标 c、φ 外,其余基本变量 x 的统计参数根据其样本数据(x_1, x_2, …, x_n),可按下列公式计算:

$$\mu_x=\frac{1}{n}\sum_{i=1}^{n}x_i \tag{A.2.1-1}$$

$$\sigma_x=\left[\frac{1}{n-1}\sum_{i=1}^{n}(x_i-\mu_x)^2\right]^{\frac{1}{2}} \tag{A.2.1-2}$$

$$\delta_x=\frac{\sigma_x}{\mu_x} \tag{A.2.1-3}$$

式中 μ_x——平均值;

n——样本试验件数;

x_i——第 i 个样本数据($i=1\sim n$);

σ_x——标准差;

δ_x——变异系数。

A.2.2 土的抗剪强度指标统计参数可按下列方法确定:

(1)简化相关法即 τ 平均法按下列公式计算:

抗剪强度指标 $\tan\varphi$ 或 φ、c 的平均值

$$\mu_{\tan\varphi}=\frac{1}{n}\sum_{i=1}^{n}\tan\varphi_i \tag{A.2.2-1}$$

$$\mu_\varphi=\tan^{-1}(\mu_{\tan\varphi}) \tag{A.2.2-2}$$

$$\tan\varphi_i = \frac{\sum\limits_{ji=1}^{k}(p_j - \mu_p)\tau_{ij}}{\sum\limits_{j=1}^{k}(p_j - \mu_p)^2} \tag{A.2.2-3}$$

$$\varphi_i = \tan^{-1}\frac{\sum\limits_{j=1}^{k}(p_j - \mu_p)\tau_{ij}}{\sum\limits_{j=1}^{k}(p_j - \mu_p)^2} \tag{A.2.2-4}$$

$$\mu_c = \frac{1}{n}\sum_{i=1}^{n} c_i \tag{A.2.2-5}$$

$$c_i = \mu_{\tau i} - \mu_p \tan\varphi_i \tag{A.2.2-6}$$

$$\mu_p = \frac{1}{k}\sum_{j=1}^{k} p_j \tag{A.2.2-7}$$

$$\mu_{\tau i} = \frac{1}{k}\sum_{j=1}^{k} \tau_{ij} \tag{A.2.2-8}$$

抗剪强度指标 c 和 $\tan\varphi$ 标准差

$$\sigma_{\tan\varphi} = \sqrt{\frac{1}{\Delta}\left[k\sum_{j=1}^{k}(p_j^2\sigma_{\tau j}^2) - \sum_{j=1}^{k}p_j^2\sum_{j=1}^{k}\sigma_{\tau j}^2\right]} \tag{A.2.2-9}$$

$$\Delta = k\sum_{j=1}^{k}p_j^4 - \left(\sum_{j=1}^{k}p_j^2\right)^2 \tag{A.2.2-10}$$

$$\sigma_{\tau j} = \sqrt{\frac{1}{n}\sum_{i=1}^{n}(c_i + p_j\tan\varphi_i - \mu_c - p_j\mu_{\tan\varphi})^2} \tag{A.2.2-11}$$

$$\sigma_c = \sqrt{\frac{1}{k}\sum_{j=1}^{k}\sigma_{\tau j}^2 - \frac{1}{k}\left[\sum_{j=1}^{k}p_j^2\right]\sigma_{\tan\varphi}^2} \tag{A.2.2-12}$$

$$\sigma_\varphi = \frac{180}{\pi}\sigma_{\tan\varphi}\cos^2\mu_\varphi \tag{A.2.2-13}$$

式中　$\mu_{\tan\varphi}$——$\tan\varphi$ 的平均值；

n——试验组数；

φ_i——第 i 组（$i=1\sim n$）试验的内摩擦角 φ 的回归值（°）；

$\tan\varphi_i$——φ_i 的正切函数；

μ_φ——内摩擦角 φ 的平均值（°）；

k——每一组试验的垂直压力级数（$j=1\sim k$）；

p_j——试验第 j 级垂直压力（$j=1\sim k$）（kPa）；

μ_p——第 i 组（$i=1\sim n$）试验的各级垂直压力 p_j（$j=1\sim k$）的平均值（kPa）；

τ_{ij}——第 i 组试验（$i=1\sim n$）第 j 级压力（$j=1\sim k$）下的抗剪强度（kPa）；

μ_c——黏聚力的平均值（kPa）；

c_i——第 i 组（$i=1\sim n$）试验的黏聚力的回归值（kPa）；

$\mu_{\tau i}$——第 i 组试验（$i=1\sim n$）各级压力（$j=1\sim k$）下抗剪强度 τ_{ij} 的平均值（kPa）；

$\sigma_{\tan\varphi}$——$\tan\varphi$ 的标准差；

$\sigma_{\tau j}$——对应于第 j 级垂直压力的 $1\sim n$ 组抗剪强度试验值的标准差（kPa）按式

(A.2.1-2)计算；

σ_c——黏聚力 c 的标准差(kPa)；

σ_φ——内摩擦角 φ 的标准差(°)；

(2)正交变换法按下列公式计算：

抗剪强度指标 c 和 $\tan\varphi$ 变换

$$c = c' + p_s\tan\varphi \tag{A.2.2-14}$$

$$p_s = \gamma\frac{\sigma_c}{\sigma_{\tan\varphi}} \tag{A.2.2-15}$$

$$c' = c - p_s\tan\varphi \tag{A.2.2-16}$$

$$\sigma_c = \sqrt{\frac{1}{n}\sum_{i=1}^{n}(c_i - \mu_c)^2} \tag{A.2.2-17}$$

$$\sigma_{\tan\varphi} = \sqrt{\frac{1}{n}\sum_{i=1}^{n}(\tan\varphi_i - \mu_{\tan\varphi})^2} \tag{A.2.2-18}$$

c 和 $\tan\varphi$ 的相关系数 γ

$$\gamma = \frac{\sigma_{c\cdot\tan\varphi}}{\sigma_c\sigma_{\tan\varphi}} \tag{A.2.2-19}$$

c 和 $\tan\varphi$ 的协方差 $\sigma_{c\cdot\tan\varphi}$

$$\sigma_{c\cdot\tan\varphi} = \frac{1}{n}\sum_{i=1}^{n}(c_i - \mu_c)(\tan\varphi_i - \mu_{\tan\varphi}) \tag{A.2.2-20}$$

c'和 $\tan\varphi$ 的统计参数

$$\mu'_c = \mu_c - p_s\mu_{\tan\varphi} \tag{A.2.2-21}$$

$$\sigma'_c = \sigma_c\sqrt{1-\gamma^2} \tag{A.2.2-22}$$

式中 c——黏聚力(kPa)；

φ——内摩擦角(°)；

γ——为 c 和 $\tan\varphi$ 的相关系数；

σ_c、$\sigma_{\tan\varphi}$——分别为用传统法求得的 c 和 $\tan\varphi$ 的标准差；

c_i——第 i 组($i=1\sim n$)试验的黏聚力回归值，用式(A.2.2-6)计算；

μ_c——黏聚力 c 的平均值(kPa)，用式(A.2.2-5)计算；

φ_i——第 i 组($i=1\sim n$)试验的内摩擦角回归值，应用式(A.2.2-4)计算；

$\mu_{\tan\varphi}$——$\tan\varphi$ 的平均值，应用式(A.2.2-1)计算；

$\sigma_{c\cdot\tan\varphi}$——为 c 和 $\tan\varphi$ 协方差；

(3)计算地基承载力及边坡稳定时，c 和 φ 的标准值 c_k 和 φ_k 按下列公式计算：

$$c_k = \mu_c \tag{A.2.2-23}$$

$$\varphi_k = \mu_\varphi \tag{A.2.2-24}$$

式中 c_k——黏聚力 c 的标准值(kPa)；

μ_c——黏聚力 c 的均值(kPa)；

φ_k——内摩擦角的标准值(°)；

μ_φ——内摩擦角的均值(°)。

A.3 可靠指标计算时基本变量统计参数的确定方法

A.3.1 对于需要进行可靠指标计算的工程,岩土基本变量分布参数的统计应按随机场考虑。

A.3.2 主要土层岩土基本变量的最少取样件数不应少于6组,每组代表1个岩土基本变量沿深度的随机过程样本,应具有代表性,样本中每个相邻子样的取样间距应小于等于相关距离。

A.3.3 除土的抗剪强度指标 c、φ 外,其余基本变量 x 的统计参数根据其样本数据(x_1,x_2,…,x_n),应符合下列规定。

A.3.3.1 平均值应按下式计算:

$$\mu_x^s = \frac{1}{n}\sum_{i=1}^{n} x_i \tag{A.3.3-1}$$

式中 μ_x^s——随机过程平均值;

x_i——随机过程样本子样数据($i=1\sim n$);

n——随机过程子样件数。

A.3.3.2 标准差应分为点标准差和均值标准差两部分统计。

A.3.3.3 点标准差应按下式计算:

$$\sigma_x = \left[\frac{1}{n-1}\sum_{i=1}^{n}(x_i - \mu_x^s)^2\right]^{\frac{1}{2}} \tag{A.3.3-2}$$

式中 σ_x——点标准差;

x_i——随机过程样本子样数据($i=1\sim n$);

μ_x^s——随机过程平均值;

n——随机过程子样件数。

A.3.3.4 均值标准差计算应满足下列要求:

(1)一维空间随机场标准差按下式计算:

$$\overline{\sigma}_x = \sigma_x[\Gamma^2(h)]^{\frac{1}{2}} \tag{A.3.3-3}$$

式中 $\overline{\sigma}_x$——一维空间随机场均值标准差;

σ_x——点标准差;

$\Gamma^2(h)$——一维方差折减系数;

(2)二维空间随机场标准差按下式计算:

$$\overline{\sigma}_{xy} = \eta\,\overline{\sigma}_x \tag{A.3.3-4}$$

式中 $\overline{\sigma}_{xy}$——二维空间随机场均值标准差;

$\overline{\sigma}_x$——一维空间随机场均值标准差;

η——空间均值方差修正系数,按随机场取样要求取样,获取资料,按二维随机场理论计算,有经验时按经验取值。

A.3.3.5 一维随机过程方差折减系数的确定应满足下列要求：

(1)基本变量的原始数据随深度变化时，对原始数据按下式进行标准化处理，处理后的土层作为“统计上均匀”；

$$x'_i = \frac{x_i - u_x}{\sigma_x} \tag{A.3.3-5}$$

式中 x'_i——标准化后的样本数据；

x_i——随深度变化的一维随机过程原始数据($i=1\sim n$)；

u_x——对应原始数据 x_i($i=1\sim n$)随深度规律变化的均值；

σ_x——x_i 的点标准差；

(2)用相关函数法求相关距离。首先对 $\Delta z = i\Delta z_0$ 取不同的 i 值(其中，Δz_0 为取样间距，$i=1\sim n$)，计算相关函数 $\rho(\Delta z)=\rho(i\Delta z_0)=\frac{1}{n-i}\sum_{k=1}^{n-i}x'_k x'_{k+i}$；其次利用计算值点绘出 $\rho(\Delta z)\sim\Delta z$ 图；利用式(A.3.3-6)进行相关函数的回归，确定参数 b 和 ω 的值；利用式(A.3.3-7)计算相关距离 δ_u；

$$\rho(\tau) = e^{-b|\tau|}\cdot\cos(\omega\tau) \tag{A.3.3-6}$$

$$\delta_u = \frac{2b}{(b^2+\omega^2)} \tag{A.3.3-7}$$

式中 $\rho(\tau)$——相关函数；

b、ω——相关函数的参数；

δ_u——相关距离(m)；

(3)用作图法确定完全不相关距离 h^*。首先根据下列公式绘制 $\Gamma^2(h)\sim h/\delta_u$ 曲线，找到两曲线的交点，其横坐标记为 n^*，则完全不相关范围 $L^*=n^*\delta_u$，完全不相关距离 $h^*=0.5L^*$；

$$\Gamma^2(h) = \begin{cases} 1 & (h\leqslant\delta_u) \\ \dfrac{\delta_u}{h} & (h\geqslant\delta_u) \end{cases} \tag{A.3.3-8}$$

$$\Gamma^2(h) = \frac{2}{h^2(b^2+\omega^2)^2}\{bh(b^2+\omega^2)+(\omega^2-b^2)-e^{-bh}[2\omega b\sin(\omega h)+(\omega^2-b^2)\cos(\omega h)]\} \tag{A.3.3-9}$$

式中 $\Gamma^2(h)$——一维方差折减函数；

δ_u——相关距离(m)；

h——按一维随机场用以平均的局部竖向距离；

b、ω——相关函数的回归参数；

(4)求一维方差折减系数。有效影响深度 L 小于完全不相关距离 h^* 时，令 $h=L$，代入式(A.3.3-9)计算得到 $\Gamma^2(h)$；有效影响深度 L 大于完全不相关距离 h^* 时，令 $h=h^*$，代入式(A.3.3-9)计算得到 $\Gamma^2(h)$。

A.3.4 按一维随机过程确定土的抗剪强度指标统计参数应符合下列规定。

A.3.4.1　采用简化相关法确定土的抗剪强度指标统计参数时应满足下列要求：

(1)抗剪强度指标 $\tan\varphi$ 或 φ、c 的平均值按式(A.2.2-1)～式(A.2.2-8)计算；

(2)抗剪强度指标 c 和 $\tan\varphi$ 均值标准差按下列公式计算：

$$\overline{\sigma}_{\tan\varphi}=\sqrt{\frac{1}{\Delta}\left[k\sum_{j=1}^{k}p_j^2\sigma_{\tau_j}^2\Gamma_{\tau_j}^2(h)-\sum_{j=1}^{k}p_j^2\sum_{j=1}^{k}\sigma_{\tau_j}^2\Gamma_{\tau_j}^2(h)\right]}\tag{A.3.4-1}$$

$$\Delta=k\sum_{j=1}^{k}p_j^4-\left(\sum_{j=1}^{k}p_j^2\right)^2\tag{A.3.4-2}$$

$$\sigma_{\tau_j}=\sqrt{\frac{1}{n}\sum_{i=1}^{n}(c_i+p_j\tan\varphi_i-\mu_c-p_j\mu_{\tan\varphi})^2}\tag{A.3.4-3}$$

$$\overline{\sigma}_c=\sqrt{\frac{1}{k}\sum_{j=1}^{k}\sigma_{\tau_j}^2\Gamma_{\tau_j}^2(h)-\frac{1}{k}\left(\sum_{j=1}^{k}p_j^2\right)(\overline{\sigma}_{\tan\varphi})^2}\tag{A.3.4-4}$$

$$\overline{\sigma}_\varphi=\frac{180}{\pi}\overline{\sigma}_{\tan\varphi}\cos^2\mu_\varphi\tag{A.3.4-5}$$

式中　$\overline{\sigma}_{\tan\varphi}$——$\tan\varphi$ 的均值标准差；

k——每一组试验的垂直压力级数($j=1\sim k$)；

p_j——每组试验的第 j 级垂直压力(kPa)($j=1\sim k$)；

σ_{τ_j}——对应于每组($i=1\sim n$)试验 j 级垂直压力下的抗剪强度 τ_{ij}($i=1\sim n$)组成的随机过程的点标准差；

$\Gamma_{\tau j}^2(h)$——对应于每组($i=1\sim n$)试验 j 级压力下的抗剪强度 τ_{ij}($i=1\sim n$)组成的随机过程的方差折减系数，可按本附录第 A.3.3 条的有关规定确定；

n——试验组数；

c_i——第 i 组($i=1\sim n$)试验的黏聚力的回归值(kPa)；

φ_i——第 i 组($i=1\sim n$)试验的内摩擦角 φ 的回归值(°)；

μ_c——黏聚力的平均值(kPa)；

$\mu_{\tan\varphi}$——$\tan\varphi$ 的平均值；

μ_φ——内摩擦角 φ 的平均值(°)；

$\overline{\sigma}_c$——黏聚力 c 的均值标准差(kPa)；

$\overline{\sigma}_\varphi$——内摩擦角 φ 的均值标准差(°)。

A.3.4.2　采用正交变换法确定土的抗剪强度指标统计参数时应满足下列要求：

(1)抗剪强度指标 c 和 $\tan\varphi$ 变换按下列公式计算：

$$c=c'+p_s\tan\varphi\tag{A.3.4-6}$$

$$p_s=\frac{\overline{\sigma}_{c\cdot\tan\varphi}+\overline{\sigma}_{\tan\varphi\cdot c}}{2\,\overline{\sigma}_{\tan\varphi}^2}\tag{A.3.4-7}$$

$$c'=c-p_s\tan\varphi\tag{A.3.4-8}$$

式中　c——土的黏聚力(kPa)；

p_s——待求常数；

φ——土的内摩擦角(°)；

$\overline{\sigma}_{c\cdot\tan\varphi}$(或$\overline{\sigma}_{\tan\varphi\cdot c}$)—$c$、$\tan\varphi$(或 $\tan\varphi$、c)的均值协方差；

(2)p_s 计算方法。首先根据第 A.3.4.1(2)项求出每一组试验第j级压力下的抗剪强度的均值方差 $\sigma_{\tau_j}^2\Gamma_{\tau_j}^2(h)$，然后利用数据($p_j$, $\sigma_{\tau_j}^2\Gamma_{\tau_j}^2(h)$)，$j=1,2,\cdots\cdots,k$)按式(A.3.4-9)进行回归计算，得到$\overline{\sigma}_c^2$、$\overline{\sigma}_{\tan\varphi}^2$及($\overline{\sigma}_{c\cdot\tan\varphi}+\overline{\sigma}_{\tan\varphi\cdot c}$)，带入式(A.3.4-7)即可得到 p_s。

$$\sigma_{\tau j}^2\Gamma_{\tau j}^2(h)=\overline{\sigma}_c^2+p_j(\overline{\sigma}_{c\cdot\tan\varphi}+\overline{\sigma}_{\tan\varphi\cdot c})+p_j^2\overline{\sigma}_{\tan\varphi}^2 \tag{A.3.4-9}$$

式中 $\sigma_{\tau j}^2$——某级压力(j, $j=1\sim k$)下对应的 $1\sim n$ 个 τ值的点方差；

$\Gamma_{\tau j}^2$——$\sigma_{\tau j}^2$的方差折减系数；

$\overline{\sigma}_c^2$——黏聚力 c 的均值标准差；

$\overline{\sigma}_{\tan\varphi}^2$——内摩擦角的均值标准差；

$\overline{\sigma}_{c\cdot\tan\varphi}$(或$\overline{\sigma}_{\tan\varphi\cdot c}$)——$c$、$\tan\varphi$(或 $\tan\varphi$、c)的均值协方差；

p_j——对应 $\sigma_{\tau j}^2$的某级压力(j, $j=1\sim k$)；

(3)c'和 $\tan\varphi$ 统计参数按下列公式计算：

$$\mu'_c=\mu_c-p_s\mu_{\tan\varphi} \tag{A.3.4-10}$$

$$\overline{\sigma}'_c=\sqrt{\overline{\sigma}_c^2+p_s^2\,\overline{\sigma}_{\tan\varphi}^2} \tag{A.3.4-11}$$

式中 μ_c——黏聚力的平均值(kPa)；

$\mu_{\tan\varphi}$——$\tan\varphi$ 的平均值；

p_s——待求常数；

$\overline{\sigma}_c^2$——黏聚力 c 的均值标准差；

$\overline{\sigma}_{\tan\varphi}^2$——内摩擦角的均值标准差。

A.3.5 土层的一维空间均值和一维空间均值标准差应根据该土层所有样本的一维空间均值或一维空间均值标准差计算确定。

附录 B　岩体风化程度划分

B.0.1　岩体的风化程度可按表 B.0.1 划分。

表 B.0.1　岩体风化程度分类

风化程度	野外特征	风化程度参数指标	
		波速比 K_v	风化系数 K_f
未风化	岩质新鲜,偶见风化痕迹	0.9～1.0	0.9～1.0
微风化	结构基本未变,仅节理面有渲染或略有变色,有少量风化裂隙	0.8～0.9	0.8～0.9
中风化	结构部分破坏,沿节理面有次生矿物,风化裂隙发育,岩体被切割成岩块。用镐难挖,岩芯钻方可钻进	0.6～0.8	0.4～0.8
强风化	结构大部分破坏,矿物成分显著变化,风化裂隙很发育,岩体破碎,用镐可挖,干钻不易钻进	0.4～0.6	<0.4
全风化	结构基本破坏,但尚可辨认,有残余结构强度,用镐可挖,干钻可钻进	0.2～0.4	—

注:①波速比 K_v 为风化岩石与新鲜岩石压缩波速度之比;

②风化系数 K_f 为风化岩石与新鲜岩石饱和单轴抗压强度之比;

③岩石风化程度,除按表列野外特征和定量指标划分外,也可根据当地经验划分;

④花岗岩类岩石,可采用标准贯入试验划分,标准贯入击数 $N \geqslant 50$ 为强风化;$50 > N \geqslant 30$ 为全风化;$N < 30$ 为残积土;

⑤泥岩和半成岩,可不进行风化程度划分。

附录C　岩体结构类型分类

C.0.1　岩体结构类型可按表C.0.1划分。

表C.0.1　岩体结构类型分类

岩体结构类型	岩体地质类型	结构体形状	结构面发育情况	岩土工程特征	可能发生的岩土工程问题
整体状结构	巨块状岩浆岩和变质岩、巨厚层沉积岩	巨块状	以层面和原生、构造节理为主,多呈闭合型,间距大于1.5m,一般为1~2组,无危险结构面组成的落石掉块	岩体稳定,可视为均质弹性各向同性体	局部滑动或坍塌
块状结构	厚层状沉积岩,块状岩浆岩和变质岩	块状 柱状	有少量贯穿性节理裂缝,结构面间距0.7m~1.5m。一般为2~3组,有少量分离体	结构面互相牵制,岩体基本稳定,接近弹性各向同性体	
层状结构	多韵律薄层、中厚层状沉积岩,副变质岩	层状 板状	有层理、片理、节理,常有层间错动	变形和强度受层面控制,可视为各向异性弹塑性体,稳定性较差	可沿结构面滑塌,软岩可产生塑性变形
破裂状结构	构造影响严重	碎块状	断层、节理、片理、层理发育,结构面间距0.25m~0.50m,一般3组以上,有许多分离体	整体强度很低,并受软弱结构面控制,呈弹塑性体,稳定性很差	易发生规模较大的岩体失稳,地下水加剧失稳
散体状结构	断层破碎带,强风化及全风化带	碎屑状	构造和风化裂隙密集,结构面错综复杂,多充填黏性土,形成无序小块和碎屑	完整性遭极大破坏,稳定性极差,接近松散体介质	易发生规模较大的岩体失稳,地下水加剧失稳

附录 D　水运工程中常见的几种成因类型的土及其工程地质特征

D.0.1　水运工程中常见的几种成因类型的土及其工程地质特征可参见表 D.0.1。

表 D.0.1　水运工程中常见的几种成因类型的土及其工程地质特征

成　因	分布地区	砂　土	粉土和黏性土	碎石土
残积	分布于基岩起伏和平缓地区	未经分选,具母岩矿物成分,表面粗糙,有棱角,常与碎石及黏性土混在一起,其厚度不均	产状复杂,厚度不均,土质不均,深埋者常为硬塑或坚硬状态。裸露地表者,孔隙比常较大	碎石成分与母岩相同,未经搬运、分选,大小混杂、颗粒呈棱角形
坡积	分布于坡脚和坡底	颗粒磨圆度差,分选性差、成分不均,常混有碎石或黏性土。其密实度常处于松或稍密状态	无层理,未经分选,粒度成分有急剧变化,一般都处于不稳定状态中,且具有较高的孔隙比,潮湿时有较大的压缩性,常处于欠压密状态	分选性差,颗粒有棱角,但不尖锐,混有砂或黏性土,常处于不稳定状态中
冲积	砂土、黏性土多分布于河流中下游的河床、三角洲及河漫滩等处。老黏性土多分布于河海岸阶地上。碎石、卵石土分布于河流中上游	砂粒呈浑圆状,具有分选性。含有少量黏土颗粒和粉土颗粒,且常有黏土夹层及透镜体。在平原地区砂层厚度较稳定	具有层理构造和透镜体产状,层理构造的土具有渗透性、膨胀性、压缩性,力学强度的各向异性	磨圆度较好,有分选性
海积	碎石、卵石土、砂土分布于岩岸滨海地带。黏性土在沿海河口,岸滩和泥质海岸深水、浅水区域广泛分布	砂颗粒多呈圆形或次圆形,砂粒纯净,但含有碎贝壳	其近期沉积的淤泥性土,有微生物作用,颜色较暗,具有含水率高、压缩性高、承载力低等特性;常处于欠压密状态,为软塑或流塑状态的土;泥质海岸的淤泥质土常呈"千层饼"状间层构造	磨圆度好,光滑纯净
海陆混合型	河流下游三角洲地带陆域有丘陵分布时,由两种以上成因的土混合形成	常见者为砂混淤泥质土,以砂为主,呈松散状态	常见者为淤泥质土混砂,以淤泥质土为主;其力学性强度指标,应以淤泥质土为准	—

附录 E 碎石土密实度野外鉴别方法

E.0.1 碎石土密实度的野外鉴别方法见表 E.0.1。

表 E.0.1 碎石土密实度野外鉴别方法

密实度	骨架颗粒及充填物状态	开挖情况	钻进情况
密实	骨架颗粒呈交错排列，连续接触。或只有部分骨架颗粒连续接触，但充填物呈密实状或坚硬状态	锹镐挖掘困难，用撬棍方能松动，井壁一般较稳定	钻进极困难，冲击钻进时，钻杆、吊锤跳动剧烈，孔壁较稳定
中密	骨架颗粒呈交错排列，大部分连续接触。充填物包裹部分骨架颗粒，且呈中密状态或硬塑状态	锹镐可挖掘，井壁有掉块现象，从井壁取出大颗粒后，能保持颗粒凹面形状	钻进较难，冲击钻探时，钻杆、吊锤跳动不剧烈，孔壁有坍塌现象
稍密	骨架颗粒排列混乱，大部分不接触，充填物包裹大部分骨架颗粒，且呈疏松状态或可塑状态	锹可以挖掘，井壁易坍塌，从井壁取出大颗粒后，砂性土立即塌落	钻进较容易，冲击钻探时，钻杆稍有跳动，孔壁易坍塌

附录 F　用分级加荷实测沉降过程线推算固结系数的方法

F.0.1　固结系数可根据分级加荷实测沉降过程线按下列方法推算：

（1）总荷载$\sum P$作用下的最终沉 降量$S_{d\infty}$采用实测值，无实测值时用经验方法推算；

（2）根据分级加荷实测沉降过程线（图 F.0.1-1（a））按式（F.0.1-1）变换为 $U'\sim t$ 曲线，见图 F.0.1（b）；

$$U' = \frac{S_t}{S_{d\infty}} \tag{F.0.1-1}$$

式中　U'——对应于荷载为$\sum P$的平均应变固结度；

S_t——分级加荷下某时刻的实测沉降；

$S_{d\infty}$——对应于荷载为$\sum P$的最终沉降量，可用实测资料推算；

（3）根据式（7.2.5-1）或式（7.2.5-2）将 $U'\sim t$ 曲线变换为 $U\sim t$ 曲线，见图 F.0.1-1（c）；

（4）按式（F.0.1-2）和式（F.0.1-3），将 U 变换为瞬时加荷情况下对应于第一级荷载的平均应力固结度 U_1，绘 $U_1\sim t$ 曲线，见图 F.0.1-1（d）；

$t<T_2^0$ 时

$$U_1 = U\frac{\sum P_i}{P_1} \tag{F.0.1-2}$$

$t>T_2^0$ 时

$$U_1 = \left[U - \sum_2^n U_{i\left(t-\frac{T_i^0+T_i^f}{2}\right)}\frac{P_i}{\sum P_i}\right]\frac{\sum P_i}{P_1} \tag{F.0.1-3}$$

式中　U——对应于荷载为$\sum P$的平均应力固结度；

P_i——第 i 级荷载（kPa）；计算加荷期间的应力固结度，P_i 应改为 ΔP_i，ΔP_i 为对应于 t 时的荷载增量；

P_1——第一级荷载（kPa）；

T_i^0——第 i 加荷的起始时间（d）；

T_i^f——第 i 加荷的终了时间（d），计算加荷期间的应力固结度时，T_i^f 应改为 t；

t——对应于第 i 级分级加荷起点计算的分级加荷固结时间；

$U_{i\left(t-\frac{T_i^0+T_i^f}{2}\right)}$——瞬时加荷条件下，对应于第 i 级（$i=2\sim n$）荷载 t 时刻的平均应力固结度，可按实测资料推算，其对应的瞬时加荷固结时间为：$[t-(T_i^0+T_i^f)/2]$；

（5）作 U、C_V 或 C_h 与 t 的关系曲线。以径向固结情况为例，即按公式（7.2.8-1）作 U、C_h 与 t 的关系线，见图 F.0.1-2；

（6）将 $U\sim t$ 曲线画在 U、C_V 或 C_h 与 t 的关系线图上，见图 F.0.1-2 中的虚线，经过比较，定出固结系数。

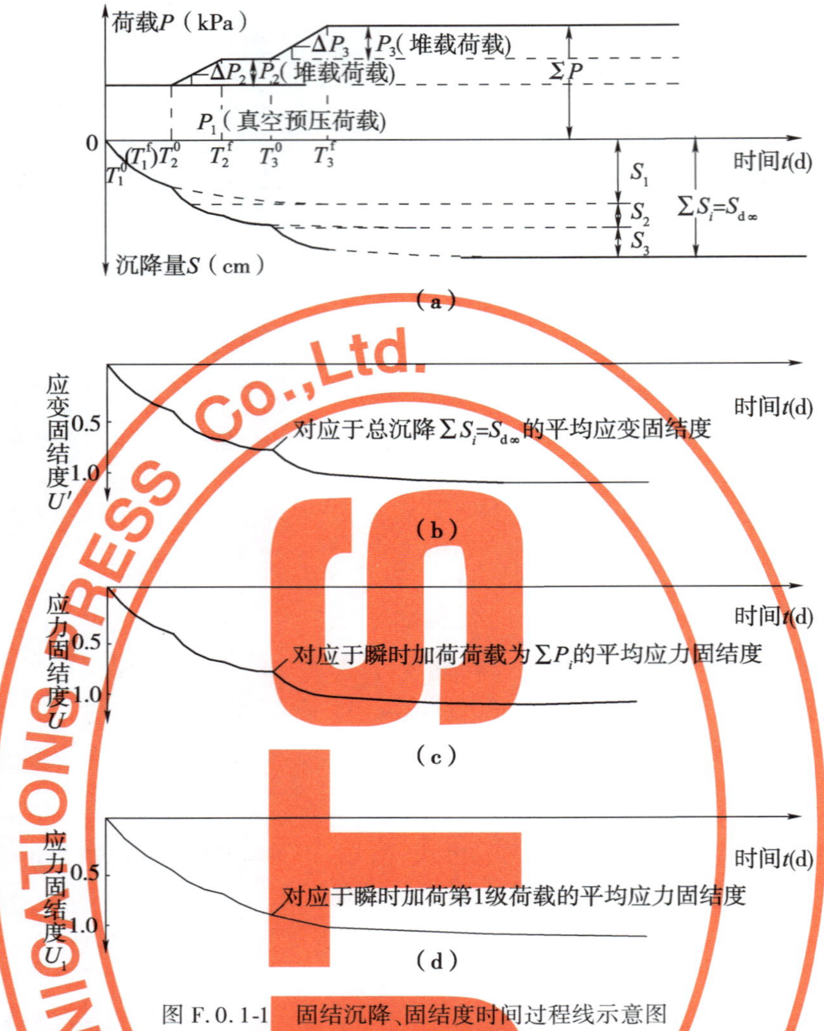

图 F.0.1-1　固结沉降、固结度时间过程线示意图

(a)分级加荷下荷载 P 与实测沉降 S 过程线；(b)分级加荷下对应于$\Sigma S_i=S_{d\infty}$的平均应变固结度 U' 与时间 t 过程线；(c)瞬时加荷下对应于ΣP_i平均应力固结度 U 与时间 t 过程线；(d)瞬时加荷下对应于第 1 级荷载 P_1 的平均应力固结度 U_1 与时间 t 过程线

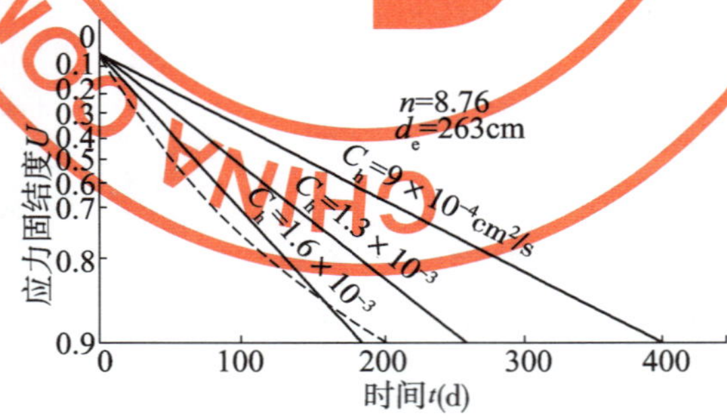

图 F.0.1-2　U、C_h 与 t 的关系线示意图

附录 G　查表法确定地基承载力

G.0.1　对于不同基础形状用查表法确定地基承载力，应满足第 5.1.2 条～第 5.1.4 条的有关规定。

G.0.2　当作用于基础底面的合力为偏心时，根据偏心矩将基础面积或宽度化为中心受荷的有效面积（对矩形基础）或有效宽度（对条形基础）。对有抛石基床的港口工程建筑物基础，以抛石基床底面作为基础底面，该基础底面的有效面积或有效宽度应按下列公式计算：

（1）对矩形基础：

$$A_e = B'_{re}L'_{re} = (B'_{r1} - 2e'_B)(L'_{r1} - 2e'_L) \tag{G.0.2-1}$$

$$B'_{re} = B'_{r1} - 2e'_B, L'_{re} = L'_{r1} - 2e'_L \tag{G.0.2-2}$$

$$B'_{r1} = B_{r1} + 2d, L'_{r1} = L_{r1} + 2d \tag{G.0.2-3}$$

式中　A_e——基础的有效面积（m^2）；

d——抛石基床厚度（m）；

B_{r1}、L_{r1}——分别为矩形基础墙底面处的实际受压宽度（m）和长度（m），应根据墙底合力作用点与墙前趾的距离 ξ 按现行行业标准《重力式码头设计与施工规范》（JTS 167—2）有关规定确定；

B'_{r1}、L'_{r1}——分别为矩形基础墙底面扩散至抛石基床底面处的受压宽度（m）和长度（m）；

B'_{re}、L'_{re}——分别为矩形基础墙底面扩散至抛石基床底面处的有效受压宽度（m）和长度（m）；

e'_B、e'_L——分别作用于矩形基础抛石基床底面上的合力标准值（包括抛石基床重量）在 B'_{re} 和 L'_{re} 方向的偏心矩（m）；

（2）对条形基础（$L'_{re}/B'_{re} \geqslant 10$）：

$$B'_e = B'_1 - 2e' \tag{G.0.2-4}$$

$$B'_1 = B_1 + 2d \tag{G.0.2-5}$$

式中　B'_e——条形基础抛石基床底面处的有效受压宽度（m）；

B'_1——条形基础抛石基床底面处的受压宽度（m）；

B_1——墙底面的实际受压宽度（m），应按现行行业标准《重力式码头设计与施工规范》（JTS 167—2）有关规定确定；

e'——抛石基床底面合力标准值的偏心矩（m），应按现行行业标准《重力式码头设计与施工规范》（JTS 167—2）有关规定确定；

d——抛石基床厚度（m）。

G.0.3 当基础有效宽度小于或等于3m,基础埋深为0.5m～1.5m时,地基承载力设计值根据岩石的野外特征和土的密实度或标准贯入击数可分别按下列规定确定。

G.0.3.1 岩石地基的承载力设计值可按表G.0.3-1确定。

表G.0.3-1 岩石承载力设计值f_d(kPa)

岩石类别＼风化程度	微风化	中等风化	强风化	全风化
硬质岩石	2500～4000	1000～2500	500～1000	200～500
软质岩石	1000～1500	500～1000	200～500	—

注:①强风化岩石改变埋藏条件后,强度降低时,宜按降低程度选用较低值;当受倾斜荷载时,其承载力设计值应进行专门研究;

②微风化硬质岩石的承载力设计值选用大于4000kPa时应进行专门研究;

③全风化软质岩石的承载力设计值应按土考虑;

④表中数值允许内插。

G.0.3.2 碎石土承载力设计值可参照表G.0.3-2确定。

表G.0.3-2 碎石土承载力设计值f_d(kPa)

土名＼密实度	密实			中密			稍密		
tanδ	0	0.2	0.4	0	0.2	0.4	0	0.2	0.4
卵石	800～1000	640～840	288～360	500～800	400～640	180～288	300～500	240～400	108～180
碎石	700～900	560～720	252～324	400～700	320～560	144～252	250～400	200～320	90～144
圆砾	500～700	400～560	180～252	300～500	240～400	108～180	200～300	160～240	72～108
角砾	400～600	320～480	144～216	250～400	200～320	90～144	200～250	160～200	72～90

注:①δ为合力方向与竖向的夹角(°);

②表中数值适用于骨架颗粒空隙全部由中砂、粗砂或液性指数I_L≤0.25的黏性土所填充;

③当粗颗粒为中等风化或强风化时,可按风化程度适当降低承载力设计值;当颗粒间呈半胶结状态时,可适当提高承载力设计值;

④表中数值允许内插。

G.0.3.3 砂土地基的承载力设计值可参照表G.0.3-3确定。

表G.0.3-3 砂土承载力设计值f_d(kPa)

N＼tanδ＼土类	中砂、粗砂			粉细砂		
	0	0.2	0.4	0	0.2	0.4
50～30	500～340	400～272	180～222	340～250	272～200	122～90
30～15	340～250	272～200	122～90	250～180	200～144	90～65
15～10	250～180	200～144	90～65	180～140	144～112	65～50

注:①δ为合力方向与竖向的夹角(°);N为标准贯入击数;

②表中数值允许内插。

G.0.4 当条形基础有效宽度大于3m或基础埋深大于1.5m时,由表G.0.3-1～表G.0.3-3查

得的承载力设计值,应按下式进行修正:

$$f'_{\mathrm{d}}=f_{\mathrm{d}}+m_{\mathrm{B}}\gamma_1(B'_{\mathrm{e}}-3)+m_{\mathrm{D}}\gamma_2(D-1.5) \tag{G.0.4}$$

式中 f'_{d}——修正后地基承载力设计值(kPa);

f_{d}——由表查得的地基承载力设计值(kPa);

γ_1——基础底面下土的重度,水下用浮重度(kN/m³);

γ_2——基础底面以上土的加权平均重度,水下用浮重度(kN/m³);

m_{B}——基础宽度的承载力修正系数;

m_{D}——基础埋深的承载力修正系数;

B'_{e}——基础有效宽度(m),当宽度小于3m时,取3m;大于8m时,取8m;

D——基础埋深(m),当埋深小于1.5m时,取1.5m。

G.0.5 条形基础宽度的承载力修正系数和基础埋深的承载力修正系数可按表G.0.5确定。

表 G.0.5 基础宽度和埋深的承载力修正系数 m_{B}、m_{D}

土类		tanδ					
		0		0.2		0.4	
		m_{B}	m_{D}	m_{B}	m_{D}	m_{B}	m_{D}
砂土	细砂、粉砂	2.0	3.0	1.6	2.5	0.6	1.2
	砾砂、粗砂、中砂	4.0	5.0	3.5	4.5	1.8	2.4
碎石土		5.0	6.0	4.0	5.0	1.8	2.4

注:①δ为合力方向与竖向的夹角(°);

②微风化、中等风化岩石不修正;强风化岩石的修正系数按相近的土类采用。

G.0.6 按基础的有效面积或有效宽度计算垂直平均压力设计值应满足下列要求:

(1)矩形基础:

$$\sigma_{\mathrm{d}}=\frac{V'_{\mathrm{d}}}{A_{\mathrm{e}}}\leqslant f'_{\mathrm{d}} \tag{G.0.6-1}$$

(2)条形基础:

$$\sigma_{\mathrm{d}}=\frac{V'_{\mathrm{d}}}{B'_{\mathrm{e}}}\leqslant f'_{\mathrm{d}} \tag{G.0.6-2}$$

式中 σ_{d}——作用于基础底面,单位有效面积的平均压力设计值(kPa);

V'_{d}——对于矩形基础为作用于基础底面上的竖向合力设计值(kN),对于条形基础为作用于基础底面单位宽度(m)上竖向合力的设计值(kN/m);

f'_{d}——修正后地基承载力设计值(kPa);

A_{e}——矩形基础的有效面积(m²);

B'_{e}——条形基础的有效宽度(m)。

附录 H　地基承载力系数表

H.0.1　地基承载力系数可按表 H.0.1-1 ~ 表 H.0.1-6 确定。

表 H.0.1-1　承载力系数 N_c

φ \ N_c \ $\tan\delta$	$\tan\delta=0$	$\tan\delta=0.1$	$\tan\delta=0.2$	$\tan\delta=0.3$	$\tan\delta=0.4$
2°	5.632	—	—	—	—
4°	6.185	—	—	—	—
6°	6.813	3.581	—	—	—
8°	7.527	5.202	—	—	—
10°	8.345	6.254	—	—	—
12°	9.285	7.244	4.091	—	—
14°	10.370	8.281	5.573	—	—
16°	11.631	9.420	6.789	—	—
18°	13.104	10.706	8.009	4.751	—
20°	14.835	12.182	9.323	6.227	—
22°	16.883	13.900	10.790	7.616	3.652
24°	19.324	15.919	12.469	9.085	5.633
26°	22.254	18.317	14.424	10.719	7.194
28°	25.803	21.192	16.731	12.590	8.811
30°	30.140	24.672	19.488	14.779	10.606
32°	35.490	28.972	22.822	17.381	12.671
34°	42.164	34.187	26.900	20.520	15.106
36°	50.585	40.765	31.949	24.358	18.031
38°	61.352	49.094	38.278	29.116	21.604
40°	75.313	59.789	46.321	35.097	26.038

注:δ 为作用于计算面上的合力方向与竖向的夹角;N_c 为承载力系数;φ 为内摩擦角标准值(°),可取均值。

表 H.0.1-2　承载力系数 N_γ（$\tan\delta = 0.0$ 时）

φ \ N_γ \ λ	0.5	1	2	3	4	5	7	9	11	13	15	20	25	30	40	60	80	100
2°	0.152	0.154	0.153	0.151	0.149	0.148	0.144	0.141	0.138	0.136	0.134	0.129	0.125	0.121	0.115	0.107	0.101	0.097
4°	0.348	0.349	0.343	0.335	0.328	0.322	0.311	0.302	0.294	0.287	0.281	0.268	0.258	0.250	0.237	0.219	0.206	0.196
6°	0.598	0.597	0.580	0.564	0.549	0.537	0.515	0.497	0.483	0.470	0.459	0.437	0.420	0.406	0.386	0.357	0.338	0.324
8°	0.918	0.912	0.880	0.851	0.826	0.805	0.770	0.742	0.719	0.699	0.683	0.650	0.625	0.605	0.575	0.535	0.510	0.492
10°	1.329	1.314	1.262	1.215	1.177	1.144	1.092	1.051	1.018	0.991	0.967	0.922	0.888	0.861	0.821	0.768	0.735	0.712
12°	1.857	1.830	1.748	1.678	1.623	1.577	1.503	1.447	1.402	1.365	1.333	1.272	1.227	1.192	1.140	1.073	1.031	1.003
14°	2.538	2.493	2.372	2.273	2.195	2.131	2.030	1.955	1.895	1.846	1.805	1.726	1.667	1.622	1.557	1.473	1.421	1.385
16°	3.421	3.350	3.175	3.039	2.932	2.845	2.712	2.612	2.534	2.471	2.418	2.316	2.243	2.196	2.104	1.999	1.935	1.890
18°	4.569	4.461	4.216	4.030	3.886	3.772	3.597	3.468	3.368	3.286	3.219	3.090	2.997	2.926	2.824	2.694	2.614	2.559
20°	6.071	5.911	5.573	5.322	5.132	4.981	4.754	4.588	4.460	4.357	4.272	4.110	3.994	3.895	3.777	3.617	3.518	3.449
22°	8.049	7.816	7.353	7.019	6.768	6.572	6.279	6.067	5.904	5.773	5.666	5.463	5.317	5.206	5.047	4.847	4.724	4.638
24°	10.673	10.336	9.706	9.262	8.934	8.679	8.302	8.031	7.824	7.660	7.524	7.269	7.086	6.948	6.749	6.500	6.345	6.237
26°	14.178	13.698	12.843	12.255	11.826	11.495	11.010	10.664	10.402	10.192	10.022	9.701	9.472	9.302	9.048	8.734	8.538	8.398
28°	18.911	18.225	17.065	16.286	15.724	15.295	14.669	14.227	13.893	13.628	13.412	13.005	12.716	12.501	12.180	11.779	11.526	11.344
30°	25.364	24.384	22.807	21.772	21.035	20.475	19.667	19.099	18.671	18.334	18.058	17.540	17.179	16.897	16.486	15.969	15.636	15.392
32°	34.262	32.859	30.708	29.328	28.356	27.623	26.572	25.839	25.288	24.854	24.499	23.846	23.370	23.006	22.473	21.791	21.343	21.010
34°	46.690	44.672	41.720	39.869	38.580	37.615	36.239	35.284	34.568	34.005	33.546	32.695	32.075	31.599	30.894	29.976	29.358	28.888
36°	64.296	61.375	57.294	54.791	53.067	51.785	49.968	48.712	47.773	47.034	46.450	45.309	44.488	43.852	42.901	41.632	40.753	40.069
38°	89.636	85.369	79.677	76.260	73.932	72.211	69.785	68.113	66.865	65.907	65.099	63.571	62.461	61.594	60.276	58.468	57.177	56.147
40°	126.758	120.459	112.428	107.711	104.529	102.191	98.907	96.650	94.998	93.661	92.564	90.475	88.940	87.724	85.843	83.181	81.216	79.614

注：δ 为作用于计算面上的合力方向与竖向的夹角；λ 按式(5.3.6-7)确定；N_γ 为承载力系数；φ 为内摩擦角标准值(°)，可取均值。

表 H.0.1-3　承载力系数 N_γ（$\tan\delta = 0.1$ 时）

φ \ N_γ \ λ	0.5	1	2	3	4	5	7	9	11	13	15	20	25	30	40	60	80	100
6°	0.163	0.166	0.166	0.165	0.164	0.163	0.161	0.159	0.158	0.156	0.155	0.153	0.150	0.148	0.145	0.141	0.138	0.135
8°	0.425	0.427	0.420	0.412	0.405	0.398	0.387	0.377	0.369	0.362	0.356	0.343	0.333	0.325	0.313	0.297	0.285	0.276
10°	0.728	0.727	0.708	0.689	0.673	0.659	0.635	0.616	0.600	0.587	0.575	0.552	0.535	0.521	0.500	0.472	0.453	0.440
12°	1.111	1.104	1.067	1.034	1.005	0.981	0.942	0.911	0.886	0.865	0.847	0.812	0.787	0.766	0.735	0.694	0.668	0.650
14°	1.602	1.585	1.523	1.470	1.426	1.389	1.331	1.286	1.250	1.220	1.195	1.145	1.108	1.079	1.037	0.983	0.949	0.925
16°	2.236	2.205	2.109	2.029	1.965	1.912	1.829	1.766	1.716	1.675	1.641	1.574	1.525	1.487	1.431	1.361	1.317	1.286
18°	3.060	3.006	2.864	2.749	2.659	2.586	2.472	2.387	2.320	2.266	2.220	2.132	2.069	2.019	1.947	1.858	1.802	1.763
20°	4.135	4.050	3.844	3.685	3.561	3.461	3.309	3.196	3.109	3.037	2.978	2.865	2.783	2.720	2.628	2.515	2.445	2.396
22°	5.547	5.416	5.125	4.907	4.740	4.607	4.606	4.259	4.145	4.053	3.977	3.832	3.727	3.648	3.532	3.389	3.301	3.239
24°	7.413	7.217	6.812	6.516	6.293	6.117	5.854	5.663	5.516	5.398	5.301	5.117	4.985	4.884	4.741	4.559	4.448	4.370
26°	9.898	9.608	9.049	8.651	8.355	8.124	7.782	7.536	7.347	7.197	7.073	6.839	6.672	6.545	6.364	6.135	5.994	5.895
28°	13.234	12.813	12.044	11.511	11.120	10.817	10.372	10.055	9.813	9.621	9.463	9.167	8.955	8.794	8.564	8.274	8.094	7.965
30°	17.755	17.146	16.092	15.379	14.862	14.465	13.887	13.477	13.167	12.921	12.720	12.342	12.073	11.873	11.574	11.203	10.968	10.800
32°	23.954	23.072	21.624	20.667	19.983	19.462	18.709	18.179	17.779	17.463	17.204	16.720	16.382	16.118	15.734	15.251	14.941	14.716
34°	32.550	31.270	29.277	27.990	27.080	26.393	25.407	24.717	24.198	23.790	23.456	22.830	22.392	22.049	21.548	20.908	20.490	20.180
36°	44.631	42.768	40.008	38.267	37.051	36.140	34.839	33.934	38.257	32.723	32.287	31.481	30.894	30.443	29.777	28.911	28.331	27.891
38°	61.867	59.138	55.287	52.914	51.276	50.056	48.326	47.128	46.233	45.528	44.971	43.882	43.100	42.494	41.590	40.387	39.557	38.913
40°	86.872	82.837	77.415	74.149	71.920	70.271	67.943	66.338	65.139	64.219	63.443	61.976	60.912	60.081	58.820	57.094	55.866	54.890

注：δ 为作用于计算面上的合力方向与竖向的夹角；λ 按式(5.3.6-7)确定；N_γ 为承载力系数；φ 为内摩擦角标准值(°)，可取均值。

表 H.0.1-4 承载力系数 N_γ($\tan\delta=0.2$ 时)

λ / N_γ / φ	0.5	1	2	3	4	5	7	9	11	13	15	20	25	30	40	60	80	100
12°	0.371	0.375	0.373	0.369	0.365	0.362	0.355	0.350	0.345	0.341	0.338	0.331	0.325	0.321	0.314	0.304	0.297	0.292
14°	0.743	0.745	0.729	0.714	0.700	0.687	0.667	0.650	0.637	0.625	0.615	0.596	0.581	0.569	0.551	0.527	0.512	0.501
16°	1.185	1.181	1.147	1.114	1.087	1.064	1.027	0.997	0.973	0.953	0.936	0.903	0.878	0.859	0.830	0.792	0.769	0.752
18°	1.749	1.735	1.673	1.619	1.574	1.537	1.478	1.433	1.397	1.367	1.341	1.292	1.256	1.227	1.186	1.133	1.100	1.077
20°	2.481	2.451	2.350	2.267	2.199	2.144	2.058	1.993	1.942	1.899	1.864	1.796	1.746	1.707	1.650	1.580	1.535	1.505
22°	3.439	3.384	3.231	3.108	3.012	2.933	2.813	2.723	2.653	2.595	2.548	2.456	2.389	2.338	2.263	2.171	2.113	2.073
24°	4.703	4.611	4.385	4.211	4.076	3.969	3.804	3.683	3.589	3.513	3.450	3.329	3.242	3.175	3.078	2.959	2.885	2.833
26°	6.381	6.236	5.911	5.669	5.484	5.338	5.118	4.957	4.833	4.733	4.651	4.494	4.382	4.296	4.171	4.018	3.923	3.856
28°	8.628	8.405	7.946	7.612	7.362	7.166	6.874	6.662	6.500	6.371	6.264	6.062	5.917	5.807	5.649	5.451	5.329	5.243
30°	11.664	11.328	10.682	10.227	9.891	9.630	9.244	8.967	8.756	8.588	8.450	8.190	8.004	7.863	7.661	7.407	7.249	7.137
32°	15.805	15.303	14.402	13.784	13.333	12.985	12.477	12.116	11.841	11.624	11.445	11.110	10.871	10.689	10.429	10.100	9.893	9.745
34°	21.512	20.772	19.516	18.675	18.071	17.609	16.938	16.466	16.108	15.826	15.596	15.161	14.852	14.622	14.278	13.847	13.572	13.372
36°	29.485	28.390	26.636	25.491	24.678	24.063	23.176	22.554	22.087	21.717	21.416	20.850	20.455	20.145	19.694	19.119	18.746	18.470
38°	40.776	39.153	36.692	35.126	34.028	33.203	32.022	31.199	30.582	30.096	29.699	28.965	28.431	28.021	27.416	26.634	26.114	25.720
40°	57.019	54.599	51.124	48.967	47.472	46.357	44.771	43.673	42.851	42.203	41.692	40.693	39.975	39.421	38.595	37.501	36.752	36.173

注:δ 为作用于计算面上的合力方向与竖向的夹角;λ 按式(5.3.6-7)确定;N_γ 为承载力系数;φ 为内摩擦角标准值(°),可取均值。

表 H.0.1-5 承载力系数 N_γ($\tan\delta=0.3$ 时)

λ / N_γ / φ	0.5	1	2	3	4	5	7	9	11	13	15	20	25	30	40	60	80	100
18°	0.657	0.663	0.655	0.645	0.636	0.628	0.614	0.603	0.594	0.586	0.579	0.566	0.555	0.547	0.534	0.518	0.507	0.500
20°	1.164	1.165	1.137	1.110	1.086	1.066	1.034	1.008	0.987	0.970	0.955	0.926	0.905	0.888	0.862	0.830	0.810	0.795
22°	1.795	1.786	1.729	1.678	1.636	1.601	1.545	1.502	1.468	1.440	1.416	1.370	1.335	1.309	1.270	1.220	1.190	1.168
24°	2.617	2.591	2.493	2.410	2.343	2.289	2.203	2.139	2.088	2.046	2.011	1.944	1.895	1.857	1.801	1.732	1.689	1.659
26°	3.704	3.652	3.495	3.369	3.270	3.190	3.064	2.975	2.903	2.845	2.796	2.703	2.636	2.584	2.509	2.416	2.357	2.318
28°	5.156	5.063	4.825	4.641	4.509	4.386	4.214	4.088	3.989	3.910	3.845	3.720	3.629	3.560	3.460	3.337	3.260	3.207
30°	7.113	6.959	6.608	6.346	6.148	5.991	5.755	5.584	5.452	5.347	5.259	5.093	4.975	4.884	4.752	4.591	4.490	4.420
32°	9.775	9.529	9.021	8.654	8.380	8.166	7.848	7.619	7.443	7.303	7.188	6.970	6.815	6.696	6.527	6.313	6.181	6.088
34°	13.434	13.052	12.324	11.814	11.439	11.148	10.721	10.416	10.184	9.999	9.847	9.562	9.359	9.204	8.982	8.702	8.527	8.402
36°	18.522	17.935	16.897	16.191	15.679	15.286	14.713	14.308	14.001	13.758	13.558	13.184	12.917	12.719	12.423	12.052	11.817	11.648
38°	25.680	24.793	23.315	22.337	21.639	21.107	20.338	19.798	19.391	19.069	18.806	18.312	17.967	17.697	17.304	16.806	16.485	16.248
40°	35.915	34.566	32.458	31.100	30.142	29.420	28.384	27.660	27.116	26.688	26.337	25.691	25.219	24.858	24.327	23.645	23.193	22.854

注:δ 为作用于计算面上的合力方向与竖向的夹角;λ 按式(5.3.6-7)确定;N_γ 为承载力系数;φ 为内摩擦角标准值(°),可取均值。

表 H.0.1-6　承载力系数 N_γ（$\tan\delta=0.4$ 时）

φ \ N_γ \ λ	0.5	1	2	3	4	5	7	9	11	13	15	20	25	30	40	60	80	100
22°	0.465	0.474	0.476	0.474	0.471	0.469	0.465	0.461	0.458	0.456	0.453	0.449	0.445	0.442	0.438	0.431	0.427	0.424
24°	1.087	1.093	1.073	1.052	1.034	1.018	0.991	0.971	0.953	0.939	0.927	0.904	0.886	0.872	0.851	0.825	0.808	0.796
26°	1.787	1.784	1.734	1.688	1.649	1.617	1.565	1.526	1.495	1.469	1.447	1.404	1.372	1.348	1.312	1.267	1.238	1.219
28°	2.699	2.679	2.585	2.504	2.439	2.386	2.303	2.240	2.190	2.150	2.116	2.051	2.003	1.966	1.912	1.845	1.804	1.775
30°	3.920	3.872	3.714	3.587	3.486	3.405	3.280	3.188	3.115	3.057	3.008	2.914	2.846	2.794	2.719	2.626	2.567	2.527
32°	5.578	5.484	5.236	5.043	4.895	4.777	4.598	4.467	4.365	4.284	4.216	4.087	3.994	3.923	3.819	3.693	3.613	3.558
34°	7.851	7.688	7.310	7.029	6.817	6.649	6.399	6.217	6.078	5.966	5.874	5.699	5.573	5.478	5.339	5.169	5.062	4.988
36°	11.004	10.733	10.171	9.768	9.496	9.235	8.890	8.642	8.452	8.301	8.177	7.942	7.775	7.647	7.465	7.235	7.091	6.989
38°	15.429	14.993	14.168	13.596	13.177	12.854	12.381	12.044	11.788	11.585	11.418	11.105	10.881	10.711	10.467	10.158	9.963	9.823
40°	21.726	21.034	19.831	19.021	18.437	17.992	17.344	16.887	16.542	16.268	16.045	15.625	15.326	15.103	14.769	14.348	14.078	13.881

注：δ 为作用于计算面上的合力方向与竖向的夹角；λ 按式(5.3.6-7)确定；N_γ 为承载力系数；φ 为内摩擦角标准值(°)，可取均值。

附录 J 用十字板剪切强度回归抗剪强度指标计算方法

J.0.1 在进行十字板剪切强度指标回归分析前,应收集由工程地质勘察确定的各钻孔十字板剪切强度资料。

J.0.2 土的抗剪强度指标统计参数可按下列方法计算:

(1)任一土层 j($j=1,2,\cdots$)深度 z 和十字板剪切强度 c_u 的平均值按下式计算:

$$\begin{cases}\mu_z = \dfrac{1}{n}\sum\limits_{i=1}^{n} z_i \\ \mu_{c_u} = \dfrac{1}{n}\sum\limits_{i=1}^{n} c_{u_i}\end{cases} \quad (J.0.2\text{-}1)$$

式中 μ_z、μ_{c_u}——z、c_u 的平均值;

n——土层的试验点数($i=1\sim n$);

z_i、c_{u_i}——每一试验点处相应的深度(m)、十字板剪切强度(kPa)。

(2)第 j 层($j=1,2,\cdots$)土的十字板剪切强度经式(J.0.2-2)回归后按式(J.0.2-5)和式(J.0.2-6)计算其抗剪强度指标 φ、c。

$$\hat{c}_u = a\hat{z} + b \quad (J.0.2\text{-}2)$$

$$a = \frac{\sum\limits_{i=1}^{n} z_i c_{u_i} - n\mu_z\mu_{c_u}}{\sum\limits_{i=1}^{n}(z_i - \mu_z)^2} \quad (J.0.2\text{-}3)$$

$$b = \mu_{c_u} - a\mu_z \quad (J.0.2\text{-}4)$$

$$\varphi_j = \tan^{-1}\left[a \cdot \frac{H + \frac{1}{3}D}{\left(K_{0_j}H + \frac{1}{3}D\right)U_t\gamma'}\right] \quad (J.0.2\text{-}5)$$

$$c_j = b \quad (J.0.2\text{-}6)$$

式中 a——回归方程的斜率;

b——回归方程的截距;

φ_j——任一土层 j 的内摩擦角的回归值(°);

K_{0_j}——土层 j 的侧压力系数,推荐软黏土层值为 0.65~0.72;

D——十字板的直径(m);

H——十字板的高度(m);

U_t——土的平均应力固结度；

γ'——土的有效重度(kN/m^3)，水位线以上取天然重度，以下取浮重度；

c_j——任一土层 j 的黏聚力的回归值(kPa)。

J.0.3　回归出的每一土层的抗剪强度指标 φ，c 可用于天然黏性土坡稳定的抗力分项系数计算。

附录K 考虑侧面摩阻的土坡稳定抗力分项系数修正

K.0.1 考虑侧面摩阻的土坡稳定抗力分项系数 γ'_R 可按下式计算,计算示意图见图K.0.1:

$$\gamma'_R = \gamma_R\left(1 + \frac{A}{2L_sL_t}\right) \tag{K.0.1}$$

式中 γ'_R——考虑侧面摩阻的抗力分项系数;

γ_R——按平面问题确定的危险滑弧的抗力分项系数;

A——滑动体两侧面积之和(m^2);

L_s——滑弧长度(m);

L_t——滑动体长度(m),指局部较大荷载区段、滑动受限制区段或有软土层区段的长度。

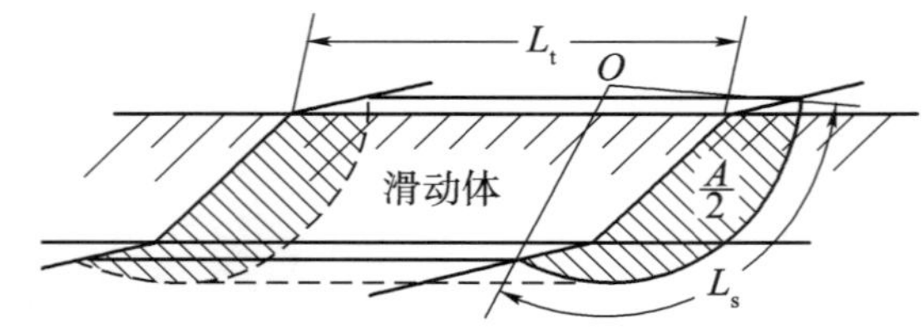

图K.0.1 考虑侧面摩阻的稳定计算示意图

注:图中O为计算的危险滑弧的圆心

附录 L　地基垂直附加应力系数图表

L.0.1　地基垂直附加应力系数可按表 L.0.1-1～表 L.0.1-6 和图 L.0.1 确定。

表 L.0.1-1　矩形面上均布垂直荷载作用下角点下的附加应力系数 K_c

附加应力计算图示	L, B, σ_0, Z, σ_Z $\sigma_Z = K_c\sigma_0$									
$n=\frac{Z}{B}$ \ K_c \ $m=\frac{L}{B}$	1.0	1.2	1.4	1.6	1.8	2.0	3.0	4.0	5.0	6.0	10.0
0	0.250	0.250	0.250	0.250	0.250	0.250	0.250	0.250	0.250	0.250	0.250
0.2	0.249	0.249	0.249	0.249	0.249	0.249	0.249	0.249	0.249	0.249	0.249
0.4	0.240	0.242	0.243	0.243	0.244	0.244	0.244	0.244	0.244	0.244	0.244
0.6	0.223	0.228	0.230	0.232	0.232	0.233	0.234	0.234	0.234	0.234	0.234
0.8	0.200	0.208	0.212	0.215	0.217	0.218	0.220	0.220	0.220	0.220	0.220
1.0	0.175	0.185	0.191	0.196	0.198	0.200	0.203	0.204	0.204	0.205	0.205
1.2	0.152	0.163	0.171	0.176	0.179	0.182	0.187	0.188	0.189	0.189	0.189
1.4	0.131	0.142	0.151	0.157	0.161	0.164	0.171	0.173	0.174	0.174	0.174
1.6	0.112	0.124	0.133	0.140	0.145	0.148	0.157	0.159	0.160	0.160	0.160
1.8	0.097	0.108	0.117	0.124	0.129	0.133	0.143	0.146	0.147	0.148	0.148
2.0	0.084	0.095	0.103	0.110	0.116	0.120	0.131	0.135	0.136	0.137	0.137
2.2	0.073	0.083	0.092	0.098	0.104	0.108	0.121	0.125	0.126	0.127	0.128
2.4	0.064	0.073	0.081	0.088	0.093	0.098	0.111	0.116	0.118	0.118	0.119
2.6	0.057	0.065	0.073	0.079	0.084	0.089	0.102	0.107	0.110	0.111	0.112
2.8	0.050	0.058	0.065	0.071	0.076	0.081	0.094	0.100	0.102	0.104	0.105
3.0	0.045	0.052	0.058	0.064	0.069	0.073	0.087	0.093	0.096	0.097	0.099
3.2	0.040	0.047	0.053	0.058	0.063	0.067	0.081	0.087	0.090	0.092	0.093
3.4	0.036	0.042	0.048	0.053	0.057	0.061	0.075	0.081	0.085	0.086	0.088
3.6	0.033	0.038	0.043	0.048	0.052	0.056	0.069	0.076	0.080	0.082	0.084
3.8	0.030	0.035	0.040	0.044	0.048	0.052	0.065	0.072	0.075	0.077	0.080
4.0	0.027	0.032	0.036	0.040	0.044	0.047	0.060	0.067	0.071	0.073	0.076

续表 L.0.1-1

K_c $m=\frac{L}{B}$ / $n=\frac{Z}{B}$	1.0	1.2	1.4	1.6	1.8	2.0	3.0	4.0	5.0	6.0	10.0
4.2	0.025	0.029	0.033	0.037	0.041	0.044	0.056	0.063	0.067	0.070	0.072
4.4	0.023	0.027	0.031	0.034	0.038	0.041	0.053	0.060	0.064	0.066	0.069
4.6	0.021	0.025	0.028	0.032	0.035	0.038	0.049	0.056	0.061	0.063	0.066
4.8	0.019	0.023	0.026	0.029	0.032	0.035	0.046	0.053	0.058	0.060	0.064
5.0	0.018	0.021	0.024	0.027	0.030	0.033	0.044	0.050	0.055	0.057	0.061
6.0	0.013	0.015	0.017	0.020	0.022	0.024	0.033	0.039	0.043	0.046	0.051
7.0	0.009	0.011	0.013	0.015	0.016	0.018	0.025	0.031	0.035	0.038	0.043
8.0	0.007	0.009	0.010	0.011	0.013	0.014	0.020	0.025	0.028	0.031	0.037
9.0	0.006	0.007	0.008	0.009	0.010	0.011	0.016	0.020	0.024	0.026	0.032
10.0	0.005	0.006	0.007	0.007	0.008	0.009	0.013	0.017	0.020	0.022	0.028

表 L.0.1-2　矩形面上三角形分布垂直荷载作用下角点下的附加应力系数 K'_i

附加应力计算图示	$\sigma_Z = K'_i\sigma_0$														
K'_i $m=\frac{L}{B}$ / $n=\frac{Z}{B}$	0.2	0.4	0.6	0.8	1.0	1.2	1.4	1.6	1.8	2.0	3.0	4.0	6.0	8.0	10.0
0	0.000	0.000	0.000	0.000	0.000	0.000	0.000	0.000	0.000	0.000	0.000	0.000	0.000	0.000	0.000
0.2	0.022	0.023	0.030	0.030	0.030	0.031	0.031	0.031	0.031	0.031	0.031	0.031	0.031	0.031	0.031
0.4	0.027	0.042	0.049	0.052	0.053	0.054	0.054	0.055	0.055	0.055	0.055	0.055	0.055	0.055	0.055
0.6	0.026	0.045	0.056	0.062	0.065	0.067	0.068	0.069	0.069	0.070	0.070	0.070	0.070	0.070	0.070
0.8	0.023	0.042	0.055	0.064	0.069	0.072	0.074	0.075	0.076	0.076	0.077	0.078	0.078	0.078	0.078
1.0	0.020	0.038	0.051	0.060	0.067	0.071	0.074	0.075	0.077	0.077	0.079	0.079	0.080	0.080	0.080
1.2	0.017	0.032	0.045	0.055	0.062	0.066	0.070	0.072	0.074	0.075	0.077	0.078	0.078	0.078	0.078
1.4	0.015	0.028	0.039	0.048	0.055	0.061	0.064	0.067	0.069	0.071	0.074	0.075	0.075	0.075	0.075
1.6	0.012	0.024	0.034	0.042	0.049	0.055	0.059	0.062	0.064	0.066	0.067	0.071	0.071	0.072	0.075
1.8	0.011	0.020	0.029	0.037	0.044	0.049	0.053	0.056	0.059	0.060	0.065	0.067	0.067	0.068	0.068
2.0	0.009	0.018	0.026	0.032	0.038	0.043	0.047	0.051	0.053	0.055	0.061	0.062	0.063	0.064	0.064
2.5	0.006	0.013	0.018	0.024	0.028	0.033	0.036	0.039	0.042	0.044	0.050	0.053	0.054	0.055	0.055
3.0	0.005	0.009	0.014	0.018	0.021	0.025	0.028	0.031	0.033	0.035	0.042	0.045	0.047	0.047	0.048
5.0	0.002	0.004	0.005	0.007	0.009	0.010	0.012	0.014	0.015	0.016	0.021	0.025	0.028	0.030	0.030
7.0	0.001	0.002	0.003	0.004	0.005	0.006	0.006	0.007	0.008	0.009	0.012	0.015	0.019	0.020	0.021
10.0	0.001	0.001	0.001	0.002	0.002	0.003	0.003	0.004	0.004	0.005	0.007	0.008	0.011	0.013	0.014

表 L.0.1-3　矩形面上均布水平荷载作用下角点下的附加应力系数 K'_h

附加应力计算图示：

$$\sigma_Z = \mp K'_h \tau \begin{pmatrix} A\text{点下} \\ C\text{点下} \end{pmatrix}$$

K'_h　$m=\frac{L}{B}$ / $n=\frac{Z}{B}$	0.2	0.4	0.6	0.8	1.0	1.2	1.4	1.6	1.8	2.0	3.0	4.0	6.0	8.0	10.0
0	0.159	0.159	0.159	0.159	0.159	0.159	0.159	0.159	0.159	0.159	0.159	0.159	0.159	0.159	0.159
0.2	0.111	0.140	0.148	0.151	0.152	0.152	0.153	0.153	0.153	0.153	0.153	0.153	0.153	0.153	0.153
0.4	0.067	0.105	0.122	0.129	0.133	0.135	0.136	0.136	0.137	0.137	0.137	0.137	0.137	0.137	0.137
0.6	0.043	0.075	0.093	0.104	0.109	0.112	0.114	0.115	0.116	0.116	0.117	0.117	0.117	0.117	0.117
0.8	0.029	0.053	0.069	0.080	0.086	0.090	0.112	0.114	0.115	0.116	0.117	0.117	0.117	0.117	0.117
1.0	0.020	0.038	0.051	0.060	0.067	0.071	0.074	0.075	0.076	0.077	0.079	0.079	0.080	0.080	0.080
1.2	0.014	0.027	0.038	0.046	0.051	0.055	0.058	0.060	0.062	0.062	0.065	0.065	0.065	0.065	0.065
1.4	0.010	0.020	0.028	0.035	0.040	0.043	0.046	0.048	0.049	0.051	0.053	0.053	0.054	0.054	0.054
1.6	0.008	0.015	0.021	0.027	0.031	0.034	0.037	0.039	0.040	0.041	0.044	0.044	0.045	0.045	0.045
1.8	0.006	0.011	0.017	0.021	0.024	0.027	0.029	0.031	0.033	0.034	0.036	0.037	0.037	0.038	0.038
2.0	0.005	0.009	0.013	0.016	0.019	0.022	0.024	0.025	0.027	0.028	0.030	0.031	0.032	0.032	0.032
2.5	0.003	0.005	0.007	0.009	0.011	0.013	0.015	0.016	0.017	0.018	0.020	0.021	0.022	0.022	0.022
3.0	0.002	0.003	0.005	0.006	0.007	0.008	0.009	0.010	0.011	0.012	0.014	0.015	0.016	0.016	0.016
5.0	0.000	0.001	0.001	0.001	0.002	0.002	0.002	0.003	0.003	0.003	0.004	0.005	0.006	0.006	0.006
7.0	0.000	0.000	0.000	0.001	0.001	0.001	0.001	0.001	0.001	0.001	0.002	0.002	0.003	0.003	0.003
10.0	0.000	0.000	0.000	0.000	0.000	0.000	0.000	0.000	0.000	0.001	0.001	0.001	0.001	0.001	0.001

表 L.0.1-4　条形面上均布垂直荷载作用下的附加应力系数 K_s

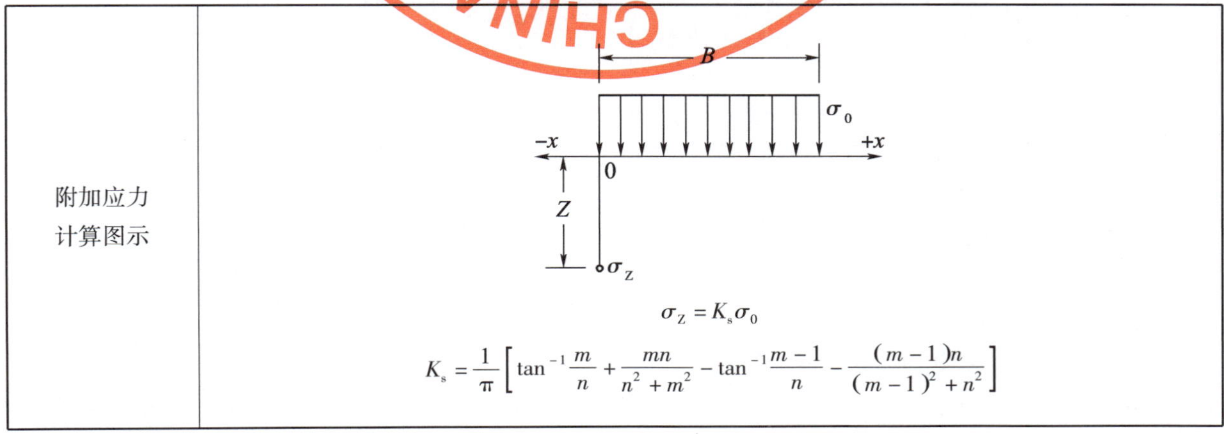

$$\sigma_Z = K_s \sigma_0$$

$$K_s = \frac{1}{\pi}\left[\tan^{-1}\frac{m}{n} + \frac{mn}{n^2+m^2} - \tan^{-1}\frac{m-1}{n} - \frac{(m-1)n}{(m-1)^2+n^2}\right]$$

续表 L.0.1-4

K_s \ $m=\frac{x}{B}$, $n=\frac{Z}{B}$	+0.5	+0.25 +0.75	0 +1.0	-0.1 +1.1	-0.2 +1.2	-0.3 +1.3	-0.5 +1.5	-0.8 +1.8	-1.0 +2.0	-2.0 +3.0	-3.0 +4.0
0.01	0.999	0.999	0.500	0.000	0.000	0.000	0.000	0.000	0.000	0.000	0.000
0.1	0.997	0.988	0.499	0.091	0.020	0.006	0.002	0.001	0.000	0.000	0.000
0.2	0.978	0.936	0.498	0.225	0.090	0.039	0.011	0.003	0.002	0.000	0.000
0.4	0.881	0.797	0.489	0.338	0.218	0.138	0.056	0.019	0.010	0.001	0.000
0.6	0.756	0.679	0.468	0.371	0.283	0.209	0.111	0.046	0.026	0.004	0.001
0.8	0.642	0.586	0.440	0.373	0.307	0.247	0.155	0.080	0.048	0.008	0.002
1.0	0.549	0.511	0.409	0.360	0.312	0.265	0.186	0.105	0.070	0.013	0.004
1.2	0.478	0.450	0.375	0.342	0.305	0.269	0.202	0.126	0.091	0.020	0.006
1.4	0.420	0.401	0.348	0.322	0.293	0.264	0.210	0.142	0.108	0.028	0.009
2.0	0.306	0.293	0.275	0.263	0.249	0.235	0.205	0.160	0.134	0.051	0.020
3.0	0.208	0.206	0.198	0.194	0.188	0.183	0.171	0.151	0.136	0.075	0.040
4.0	0.160	0.158	0.153	0.151	0.149	0.146	0.140	0.129	0.122	0.081	0.053
5.0	0.126	0.125	0.124	0.123	0.122	0.120	0.117	0.111	0.107	0.082	0.057
6.0	0.106	0.106	0.104	0.103	0.103	0.102	0.100	0.096	0.093	0.077	0.059

表 L.0.1-5 条形面上三角形分布垂直荷载作用下的附加应力系数 K_t

附加应力计算图示

$$\sigma_Z = K_t \sigma_0$$

$$K_t = \frac{1}{\pi}\left[(m-1)\tan^{-1}\frac{m-1}{n} - (m-1)\tan^{-1}\frac{m}{n} + \frac{mn}{m^2+n^2}\right]$$

K_t \ $m=\frac{x}{B}$, $n=\frac{Z}{B}$	-0.5	-0.25	0	0.25	0.50	0.75	1.00	1.25
0.01	0.000	0.000	0.497	0.750	0.500	0.249	0.003	0.000
0.1	0.002	0.010	0.468	0.737	0.498	0.251	0.032	0.002
0.2	0.009	0.050	0.437	0.682	0.498	0.255	0.061	0.009
0.4	0.043	0.137	0.379	0.534	0.441	0.263	0.110	0.036
0.6	0.080	0.177	0.328	0.421	0.378	0.258	0.140	0.066
0.8	0.106	0.188	0.285	0.343	0.321	0.243	0.155	0.089
1.0	0.121	0.184	0.250	0.286	0.275	0.224	0.159	0.104
1.2	0.126	0.176	0.221	0.246	0.239	0.204	0.154	0.111
1.4	0.127	0.165	0.198	0.215	0.210	0.186	0.151	0.114
2.0	0.115	0.134	0.147	0.155	0.153	0.143	0.127	0.108
3.0	0.091	0.098	0.102	0.105	0.104	0.101	0.096	0.088
4.0	0.074	0.076	0.078	0.079	0.079	0.077	0.075	0.072
5.0	0.060	0.062	0.063	0.063	0.063	0.063	0.061	0.060
6.0	0.051	0.052	0.053	0.053	0.053	0.052	0.052	0.051

表 L.0.1-6　条形面上均布水平荷载作用下的附加应力系数 K_h

附加应力计算图示：

$$\sigma_Z = K_h \tau$$

$$K_h = -\frac{1}{\pi}\left[\frac{n^2}{(m-1)^2+n^2} - \frac{n^2}{m^2+n^2}\right]$$

K_h　$m=\frac{x}{B}$ / $n=\frac{Z}{B}$	-0.50	-0.25	0	0.25	0.50	0.75	1.00	1.25
0.01	0	0.001	0.318	0.001	0.00	-0.001	-0.318	-0.001
0.10	0.011	0.042	0.315	0.039	0.00	-0.039	-0.315	-0.042
0.20	0.038	0.116	0.306	0.103	0.00	-0.103	-0.306	-0.116
0.40	0.103	0.199	0.274	0.159	0.00	-0.159	-0.274	-0.199
0.60	0.144	0.212	0.234	0.147	0.00	-0.147	-0.234	-0.212
0.80	0.158	0.197	0.194	0.121	0.00	-0.121	-0.194	-0.197
1.00	0.157	0.175	0.159	0.096	0.00	-0.096	-0.159	-0.175
1.20	0.147	0.153	0.131	0.078	0.00	-0.073	-0.131	-0.153
1.40	0.133	0.132	0.108	0.061	0.00	-0.061	-0.108	-0.132
2.00	0.096	0.085	0.064	0.034	0.00	-0.034	-0.064	-0.085
3.00	0.055	0.045	0.032	0.017	0.00	-0.017	-0.032	-0.045
4.00	0.034	0.027	0.019	0.010	0.00	-0.010	-0.019	-0.027
5.00	0.023	0.018	0.012	0.006	0.00	-0.006	-0.012	-0.018
6.00	0.017	0.012	0.009	0.004	0.00	-0.004	-0.009	-0.012

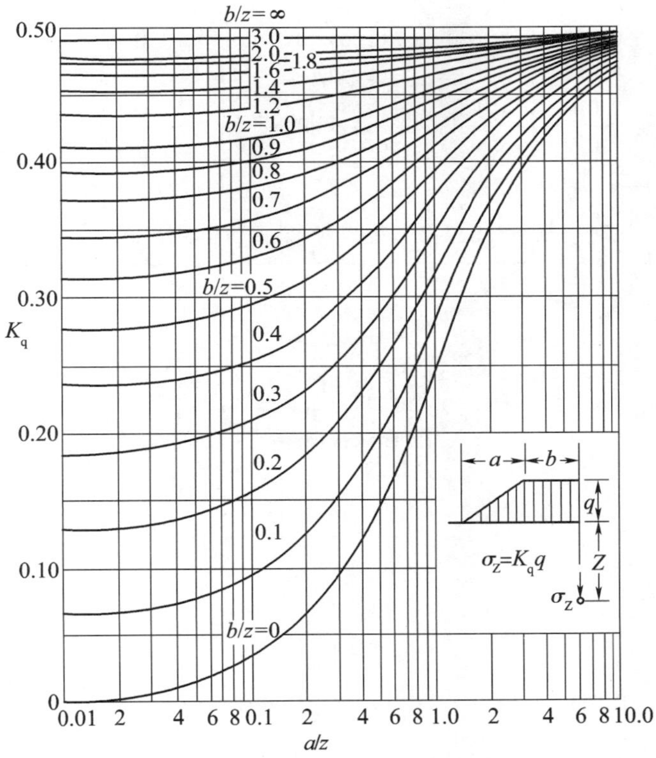

图 L.0.1　条形面上梯形分布垂直荷载作用下的附加应力系数 K_q

附录 M　平均应力固结度计算表

M.0.1　瞬时加载条件下地基的竖向和径向平均应力固结度可按表 M.0.1-1 和表 M.0.1-2 确定。

表 M.0.1-1　竖向平均应力固结度 U_Z

γ_{ab} \ U_Z \ T_v	0.1	0.2	0.3	0.4	0.5	0.6	0.7	0.8	0.9
0	0.049	0.100	0.154	0.217	0.29	0.38	0.50	0.66	0.95
0.2	0.027	0.073	0.126	0.186	0.26	0.35	0.46	0.63	0.92
0.4	0.016	0.056	0.106	0.164	0.24	0.33	0.44	0.60	0.90
0.6	0.012	0.042	0.092	0.148	0.22	0.31	0.42	0.58	0.88
0.8	0.010	0.036	0.079	0.134	0.20	0.29	0.41	0.57	0.86
1.0	0.008	0.031	0.071	0.126	0.20	0.29	0.40	0.56	0.85
1.5	0.006	0.024	0.058	0.107	0.17	0.26	0.38	0.54	0.83
2	0.005	0.019	0.050	0.095	0.16	0.24	0.36	0.52	0.81
3	0.004	0.016	0.041	0.082	0.14	0.22	0.34	0.50	0.79
4	0.004	0.014	0.040	0.080	0.13	0.21	0.33	0.49	0.78
5	0.003	0.013	0.034	0.069	0.12	0.20	0.32	0.48	0.77
7	0.003	0.012	0.030	0.065	0.12	0.19	0.31	0.47	0.76
10	0.003	0.011	0.028	0.060	0.11	0.18	0.30	0.46	0.75
20	0.003	0.010	0.026	0.060	0.11	0.17	0.29	0.45	0.74
∞	0.002	0.009	0.024	0.048	0.09	0.16	0.28	0.44	0.73

注:γ_{ab} 为排水面应力与不透水面应力之比;U_Z 为竖向平均应力固结度;T_v 为竖向固结时间因素。

表 M.0.1-2　径向平均应力固结度 U_r

图示	d_e　d_w　a　a　d_e　d_w								
n \ U_r \ T_h	0.1	0.2	0.3	0.4	0.5	0.6	0.7	0.8	0.9
4	0.010	0.021	0.033	0.048	0.064	0.085	0.112	0.150	0.214
5	0.012	0.026	0.041	0.059	0.080	0.107	0.139	0.187	0.268
6	0.014	0.031	0.049	0.070	0.095	0.126	0.165	0.221	0.316

续表 M.0.1-2

T_h U_r n	0.1	0.2	0.3	0.4	0.5	0.6	0.7	0.8	0.9
7	0.016	0.036	0.055	0.079	0.107	0.142	0.186	0.249	0.356
8	0.018	0.038	0.061	0.088	0.118	0.157	0.206	0.276	0.395
9	0.020	0.042	0.066	0.095	0.129	0.171	0.223	0.300	0.423
10	0.021	0.044	0.070	0.100	0.131	0.180	0.236	0.316	0.453
11	0.022	0.047	0.075	0.107	0.145	0.192	0.252	0.338	0.482
12	0.023	0.049	0.078	0.112	0.151	0.201	0.263	0.353	0.505
13	0.024	0.051	0.081	0.116	0.157	0.208	0.273	0.366	0.524
14	0.025	0.053	0.085	0.122	0.164	0.218	0.286	0.383	0.548
15	0.026	0.055	0.088	0.126	0.171	0.226	0.297	0.397	0.567
16	0.027	0.057	0.091	0.130	0.176	0.233	0.306	0.409	0.586
17	0.028	0.058	0.093	0.134	0.181	0.240	0.315	0.421	0.603
18	0.028	0.060	0.096	0.137	0.186	0.246	0.324	0.433	0.619
19	0.029	0.061	0.098	0.141	0.191	0.252	0.332	0.443	0.634
20	0.030	0.063	0.100	0.144	0.195	0.258	0.339	0.453	0.649
21	0.030	0.064	0.103	0.147	0.199	0.264	0.346	0.463	0.663
22	0.031	0.065	0.105	0.150	0.203	0.269	0.353	0.472	0.676
23	0.032	0.067	0.107	0.153	0.207	0.274	0.360	0.481	0.688
24	0.032	0.068	0.109	0.155	0.211	0.279	0.366	0.490	0.701
25	0.033	0.069	0.110	0.158	0.214	0.283	0.372	0.498	0.712

注：n 为井径比；U_r 为径向平均应力固结度；T_h 为径向固结时间因素。

M.0.2　平均应力固结度的时间因素可按下列公式计算：

$$T_v = \frac{C_v}{H^2}t \quad (M.0.2\text{-}1)$$

$$T_h = \frac{C_h}{d_e^2}t \quad (M.0.2\text{-}2)$$

式中　T_v、T_h——分别为竖向固结时间因素和径向固结时间因素；

C_v——竖向固结系数（cm^2/s）；

H——不排水面至排水面的竖向距离（cm），对双面排水 H 为土层厚度之半，对单面排水 H 为土层厚度；

t——固结时间（s）；

C_h——水平向固结系数（cm^2/s）；

d_e——竖向排水体的径向排水范围的等效直径（cm）。

附录N 水泥搅拌桩法室内配合比试验

N.0.1 室内配合比试验应包括水泥品种、水泥掺入量和水灰比的确定,外加剂品种及掺量的确定,拌和土各龄期强度的试验等内容。

N.0.2 配合比试验应采用加固工程的地基土、拟采用的水泥、拌和用水和外加剂进行。

根据软土含水率的不同和拌和土搅拌的难易程度,水泥浆的水灰比可取0.7~1.3。

N.0.3 水泥掺入比可取被加固土体质量的7%~20%,拌和土强度的试验龄期可取14d、28d、60d、90d、120d和150d。

N.0.4 试件的制备和试验可参照《水泥土配合比设计规程》(JGJ/T 233)的相关规定执行。

附录P　水下水泥拌和体稳定性验算和强度验算

P.0.1　拌和体上的作用可分为下列三类：

(1)永久作用，包括结构自重力、固定设备自重力、主动土压力、被动土压力和剩余水压力等；

(2)可变作用，包括堆货荷载、流动机械荷载、码头面可变作用产生的土压力、船舶荷载、施工荷载、冰荷载和波浪力等；

(3)偶然作用，包括地震作用等。

P.0.2　拌和体设计应考虑下列三种设计状况：

(1)持久状况，结构使用期按承载能力极限状态和正常使用极限状态设计；

(2)短暂状况，施工期或使用初期临时承受某种荷载时，按承载能力极限状态设计，必要时按正常使用极限状态设计；

(3)偶然状况，施工期遭受地震作用时按承载能力极限状态设计。

P.0.3　拌和体承载能力极限状态设计，应考虑下列三种作用效应组合：

(1)持久组合，持久状况下的永久作用、主导可变作用和非主导可变作用的效应组合，持久组合的水位采用设计高水位、设计低水位、极端高水位和极端低水位；

(2)短暂组合，短暂状况下永久作用和可变作用的效应组合，短暂组合的水位采用设计高水位和设计低水位；

(3)偶然组合，作用效应组合中包括地震作用，按现行行业标准《水运工程抗震设计规范》(JTS 146)的有关规定执行。

P.0.4　拌和体正常使用极限状态设计应考虑持久状况作用效应的长期组合。

P.0.5　块式拌和体基础的承载能力极限状态设计应包括持久组合、短暂组合、偶然组合的稳定性验算和强度验算。稳定性验算和强度验算应包括下列内容。

P.0.5.1　稳定性验算应包括下列内容：

(1)沿拌和体底面的抗滑稳定性验算；

(2)对拌和体前趾的抗倾稳定性验算；

(3)地基承载力验算；

(4)整体抗滑稳定性验算。

P.0.5.2　强度验算应包括下列内容：

(1)拌和体抗压强度验算；

(2)拌和体抗剪强度验算。

P.0.6　拌和体上的荷载计算应符合下列规定。

P.0.6.1　拌和体上的荷载应以通过拌和体前趾、后踵的铅直面和通过拌和体底面的水平面所组成的结构整体进行计算,作用于结构整体上的荷载见图 P.0.6。

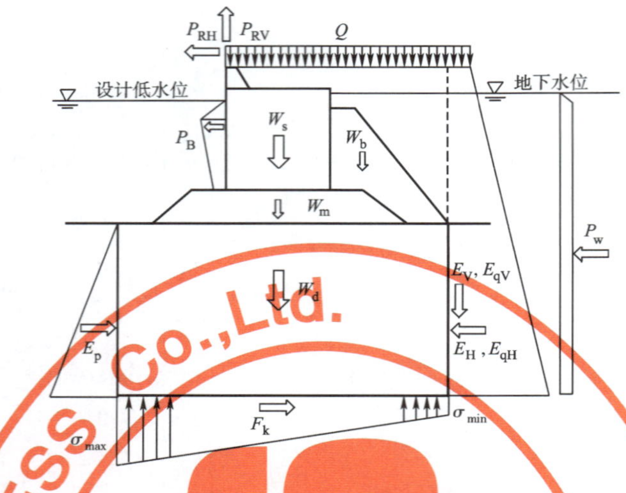

图 P.0.6 结构整体荷载示意图

P_{RH}-系缆力水平分力标准值;P_{RV}-系缆力竖向分力标准值;Q-地面可变荷载标准值;W_s-上部结构和固定设备自重力标准值;P_B-作用于上部结构的波浪力标准值;W_b-拌和体上回填土自重力标准值;W_m-抛石基床自重力标准值;W_d-拌和体自重力标准值;E_v-永久作用总主动土压力竖向分力标准值;E_{qv}-可变作用总主动土压力竖向分力标准值;E_H-永久作用总主动土压力水平分力标准值;E_{qH}-可变作用总主动土压力水平分力标准值;P_w-作用在拌和体底面以上的剩余水压力标准值;E_p-永久作用总被动土压力水平分力标准值;F_k-拌和体底面抗滑阻力标准值;σ_{max}、σ_{min}-拌和体底面最大、最小地基应力标准值

P.0.6.2 主动土压力和剩余水压力标准值应按现行行业标准《板桩码头设计与施工规范》(JTS 167—3)和《重力式码头设计与施工规范》(JTS 167—2)的有关规定计算。

P.0.6.3 当结构后方回填土进行堆载加固时,应考虑固结度对土压力的影响。

P.0.6.4 被动土压力标准值应按现行行业标准《板桩码头设计与施工规范》(JTS 167—3)的有关规定计算,并应对被动土压力标准值进行折减,折减系数可取 0.5。

P.0.6.5 上部结构和回填料的重度应按现行行业标准《重力式码头设计与施工规范》(JTS 167—2)的有关规定执行。

P.0.6.6 拌和体的重度应按实测值取用,无实测资料时,也可取各土层的原土重度。

P.0.6.7 波浪力标准值应按现行行业标准《港口与航道水文规范》(JTS 145)的有关规定计算。

P.0.7 块式拌和体基础的稳定性验算应符合下列规定。

P.0.7.1 沿拌和体底面的抗滑稳定性应根据下列不同的作用效应组合进行验算:

(1)不考虑波浪作用且可变作用产生的土压力为主导可变作用时,按式(P.0.7-1)计算,其中 F 按式(P.0.7-2)和式(P.0.7-3)分别计算并取较小值;

$$\gamma_0(\gamma_E E_H + \gamma_{PW} P_W + \gamma_E E_{qH} + \phi\gamma_{PR} P_{RH}) \leq \frac{1}{\gamma_d}(F + \gamma_{EP} E_P) \quad (P.0.7\text{-}1)$$

$$F = (\gamma_G G + \gamma_E E_v + \gamma_E E_{qv})\tan\varphi + \gamma_c cB \quad (P.0.7\text{-}2)$$

$$F = \frac{1}{\gamma_R}\tau_{ak} B \quad (P.0.7\text{-}3)$$

（2）不考虑波浪作用且系缆力为主导可变作用时，按式（P. 0. 7-4）计算，其中 F 按式（P. 0. 7-3）和式（P. 0. 7-5）分别计算并取较小值；

$$\gamma_0(\gamma_E E_H + \gamma_{PW} P_W + \gamma_{PR} P_{RH} + \phi\gamma_E E_{qH}) \leqslant \frac{1}{\gamma_d}(F + \gamma_{EP} E_P) \quad (P.0.7\text{-}4)$$

$$F = (\gamma_G G + \gamma_E E_v - \gamma_{PR} P_{Rv} + \phi\gamma_E E_{qv})\tan\varphi + \gamma_c cB \quad (P.0.7\text{-}5)$$

（3）考虑波浪作用且波浪力为主导可变作用时，按式（P. 0. 7-6）计算，其中 F 按式（P. 0. 7-3）和式（P. 0. 7-7）分别计算并取较小值；

$$\gamma_0(\gamma_E E_H + \gamma_{PW} P_W + \gamma_P P_R + \phi\gamma_E E_{qH}) \leqslant \frac{1}{\gamma_d}(F + \gamma_{EP} E_P) \quad (P.0.7\text{-}6)$$

$$F = (\gamma_G G + \gamma_E E_v + \phi\gamma_E E_{qv})\tan\varphi + \gamma_c cB \quad (P.0.7\text{-}7)$$

（4）考虑波浪作用且可变作用产生的土压力为主导可变作用时，按式（P. 0. 7-8）计算，其中 F 按式（P. 0. 7-2）和式（P. 0. 7-3）分别计算并取较小值。

$$\gamma_0(\gamma_E E_H + \gamma_{PW} P_W + \gamma_E E_{qH} + \phi\gamma_P P_B) \leqslant \frac{1}{\gamma_d}(F + \gamma_{EP} E_P) \quad (P.0.7\text{-}8)$$

式中　γ_0——结构重要性系数，按表 P. 0. 7-1 取值；
γ_E——主动土压力分项系数，按表 P. 0. 7-2 取值；
E_H——永久作用总主动土压力水平分力标准值（kN）；
γ_{PW}——剩余水压力分项系数，按表 P. 0. 7-2 取值；
P_W——作用在拌和体底面以上的剩余水压力标准值（kN）；
E_{qH}——可变作用总主动土压力水平分力标准值（kN）；
ϕ——作用效应组合系数，持久组合取 0.7，短暂组合取 1.0；
γ_{PR}——系缆力的分项系数，按表 P. 0. 7-2 取值；
P_{RH}——系缆力水平分力标准值（kN）；
γ_d——结构系数取 1.1；
F——拌和体底面抗滑阻力设计值（kN）；
γ_{EP}——被动土压力分项系数，取 1.0；
E_P——永久作用总被动土压力水平分力标准值（kN）；
γ_G——自重力分项系数，取 1.0；
G——作用于拌和体底面的总自重力标准值（kN）；
E_v——永久作用总主动土压力竖向分力标准值（kN）；
E_{qv}——可变作用总主动土压力竖向分力标准值（kN）；
φ——拌和体着底土层的内摩擦角（°）；
γ_c——拌和体着底土层黏聚力分项系数，取 1.0；
c——拌和体着底土层黏聚力（kPa）；
τ_{ak}——拌和体抗剪强度标准值（kPa）；
B——拌和体的宽度（m）；
γ_R——拌和体抗力分项系数，取 2.2；

P_{RV}——系缆力竖向分力标准值(kN);

γ_P——波浪力分项系数,按表 P.0.7-2 取值;

P_B——作用于上部结构波浪力标准值(kN)。

表 P.0.7-1 结构重要性系数

结构安全等级	一级	二级	三级
γ_0	1.1	1	0.9

表 P.0.7-2 稳定性验算作用分项系数

组合情况	永久作用		可变作用		
	γ_E	γ_{PW}	γ_E	γ_{PR}	γ_P
持久组合	1.35	1.05	1.35(1.25)	1.40(1.30)	1.30(1.20)
短暂组合	1.35	1.05	1.25	1.30	1.20

注:持久组合采用极端高水位和极端低水位时取表中括弧内的数值。

P.0.7.2 对抨和体前趾的抗倾稳定性应根据下列不同的作用效应组合进行验算:

(1)不考虑波浪作用且可变作用产生的土压力为主导可变作用时,按下式计算;

$$\gamma_0(\gamma_E M_{EH}+\gamma_{PW}M_{PW}+\gamma_E M_{EqH}+\phi\gamma_{PR}M_{PR})\leqslant\frac{1}{\gamma_d}(\gamma_G M_G+\gamma_E M_{EV}+\gamma_E M_{EqV}+\gamma_{EP}M_{EP})\tag{P.0.7-9}$$

(2)不考虑波浪作用且系缆力产生的倾覆力矩为主导可变作用时,按下式计算;

$$\gamma_0(\gamma_E M_{EH}+\gamma_{PW}M_{PW}+\gamma_{PR}M_{PR}+\phi\gamma_E M_{EqH})\leqslant\frac{1}{\gamma_d}(\gamma_G M_G+\gamma_E M_{EV}+\gamma_{PR}M_{EP}+\phi\gamma_E M_{EqV})\tag{P.0.7-10}$$

(3)考虑波浪作用且波浪力为主导可变作用时,按下式计算;

$$\gamma_0(\gamma_E M_{EH}+\gamma_{PW}M_{PW}+\gamma_P M_{PB}+\phi\gamma_E M_{EqH})\leqslant\frac{1}{\gamma_d}(\gamma_G M_G+\gamma_E M_{EV}+\gamma_{EP}M_{EP}+\phi\gamma_E M_{EqV})\tag{P.0.7-11}$$

(4)考虑波浪作用且可变作用产生的土压力为主导可变作用时,按下式计算;

$$\gamma_0(\gamma_E M_{EH}+\gamma_{PW}M_{PW}+\gamma_E M_{EqH}+\phi\gamma_P M_{PB})\leqslant\frac{1}{\gamma_d}(\gamma_G M_G+\gamma_E M_{EV}+\gamma_E M_{EqV}+\gamma_{EP}M_{EP})\tag{P.0.7-12}$$

式中 γ_0——结构重要性系数,按表 P.0.7-1 取值;

γ_E——主动土压力分项系数,按表 P.0.7-2 取值;

M_{EH}——永久作用总主动土压力水平分力标准值对抨和体前趾的倾覆力矩(kN·m);

γ_{PW}——剩余水压力分项系数,按表 P.0.7-2 取值;

M_{PW}——作用在抨和体底面以上的剩余水压力标准值对抨和体前趾的倾覆力矩(kN·m);

M_{EqH}——可变作用总主动土压力水平分力标准值对抨和体前趾的倾覆力矩(kN·m);

ϕ——作用效应组合系数,持久组合取 0.7,短暂组合取 1.0;

γ_{PR}——系缆力的分项系数，按表 P.0.7-2 取值；

M_{PR}——系缆力标准值对拌和体前趾的倾覆力矩（kN·m）；

γ_d——结构系数，取 1.1；

γ_c——自重力分项系数，取 1.0；

M_G——作用于拌和体底面的总自重力标准值对拌和体前趾的稳定力矩（kN·m）；

M_{EV}——永久作用总主动土压力竖向分力标准值对拌和体前趾的稳定力矩（kN·m）；

M_{EqV}——可变作用总主动土压力竖向分力标准值对拌和体前趾的稳定力矩（kN·m）；

γ_{EP}——被动土压力分项系数，取 1.0；

M_{EP}——永久作用总被动土压力标准值对拌和体前趾的稳定力矩（kN·m）；

γ_P——波浪力分项系数，按表 P.0.7-2 取值；

M_{PB}——作用于上部结构波浪力标准值对拌和体前趾的倾覆力矩（kN·m）。

P.0.7.3　地基承载力和整体抗滑稳定性验算应按本规范第 6 章和第 7 章的有关规定执行。

P.0.7.4　持久组合时，作用于拌和体上的合力标准值作用点与拌和体前趾的距离不得小于拌和体底宽的 1/3。

P.0.8　块式拌和体的强度验算应符合下列规定：

（1）拌和体底面地基应力按现行行业标准《重力式码头设计与施工规范》（JTS 167—2）的有关规定计算；

（2）拌和体抗压强度按下式进行验算：

$$\gamma_0\gamma_\sigma\sigma_{max}\leqslant\frac{1}{\gamma_R}\sigma_{cak}\qquad(P.0.8\text{-}1)$$

式中　γ_0——结构重要性系数，按表 P.0.7-1 取值；

γ_σ——地基应力综合分项系数，取 1.35；

σ_{max}——拌和体底面最大地基应力标准值（kPa）；

γ_R——拌和体抗力分项系数，取 2.2；

σ_{cak}——拌和体抗压强度标准值（kPa）；

（3）拌和体平均剪应力标准值按下式计算，见图 P.0.8；

$$\tau_a=\frac{V-W}{S}\qquad(P.0.8\text{-}2)$$

式中　τ_a——拌和体平均剪应力标准值（kPa）；

V——B_L 范围内拌和体底面地基应力合力标准值（kN）；

W——B_L 范围内拌和体自重力标准值（kN）；

S——计算剪切面上拌和体的面积（m^2）；

（4）拌和体抗剪强度按下式验算：

$$\gamma_0\gamma_\tau\tau_a\leqslant\frac{1}{\gamma_R}\tau_{ak}\qquad(P.0.8\text{-}3)$$

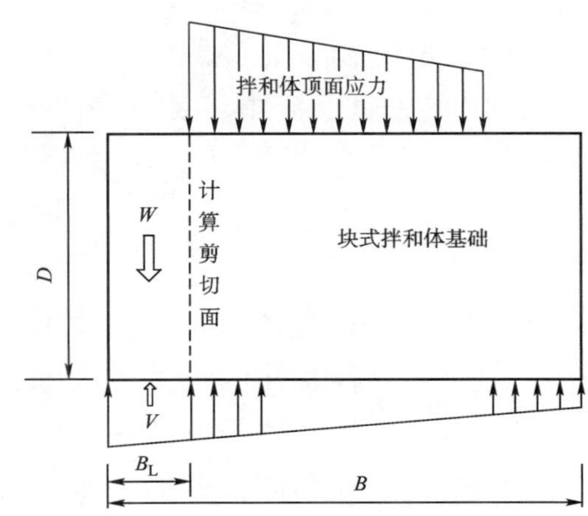

图 P.0.8　块式拌和体平均剪应力计算示意图

D-拌和体深度；W-B_L 范围内拌和体的自重；V-B_L 范围内地基反力的合力；B-拌和体宽度；B_L-拌和体前趾铅直面至拌和体顶面应力边线的距离

式中 γ_0——结构重要性系数,按表 P.0.7-1 取值;

γ_τ——剪应力综合分项系数,取 1.35;

τ_a——拌和体平均剪应力标准值(kPa);

γ_R——拌和体剪抗力分项系数,取 2.2;

τ_{ak}——拌和体抗剪强度标准值(kPa)。

P.0.9 壁式拌和体基础的设计除应包括稳定验算、强度验算和沉降计算外,对不设前壁的壁式拌和体尚应进行壁间土抗挤出的稳定性验算。

P.0.10 作用于拌和体上的荷载计算除应符合第 P.0.6 条的规定外,拌和体自重力标准值应按式(P.0.10-1)计算,壁间土自重力标准值应按式(P.0.10-2)计算,作用于结构整体上的荷载见图 P.0.10。

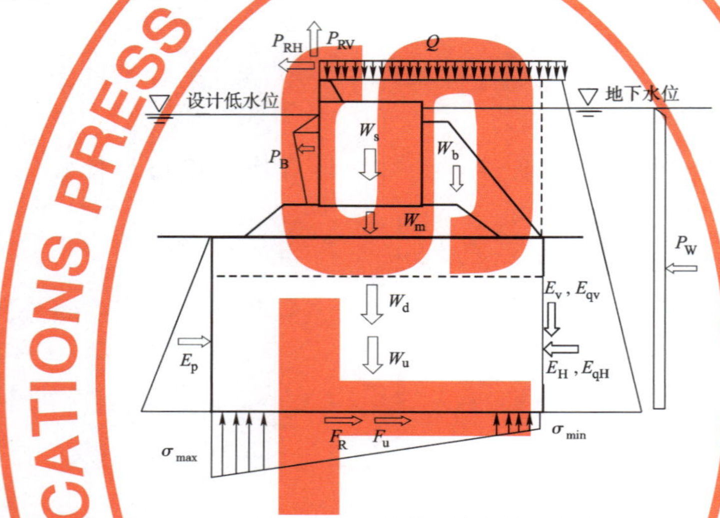

图 P.0.10 结构整体荷载示意图

P_{RV}-系缆力竖向分力标准值;P_{RH}-系缆力水平分力标准值;Q-地面可变荷载标准值;W_s-上部结构和固定设备自重力标准值;P_B-作用于上部结构的波浪力标准值;W_b-拌和体上回填土自重力标准值;W_m-抛石基床自重力标准值;W_d-拌和体自重力标准值;W_u-拌和体壁间土自重力标准值;E_V-永久作用总主动土压力竖向分力标准值;E_{qV}-可变作用总主动土压力竖向分力标准值;E_H-永久作用总主动土压力水平分力标准值;E_{qH}-可变作用总主动土压力水平分力标准值;P_W-作用在拌和体底面以上的剩余水压力标准值;E_P-永久作用总被动土压力水平分力标准值;F_R-拌和体底面抗滑阻力标准值;F_u-拌和体壁间土底面抗滑阻力设计值;σ_{max}、σ_{min}-拌和体底面最大、最小地基应力标准值

$$W_d = \gamma'(DR_L + D_S R_S)B \tag{P.0.10-1}$$

$$W_u = \gamma' D_L R_S B \tag{P.0.10-2}$$

式中 W_d——拌和体自重力标准值(kN);

γ'——拌和体的水下重度(kN/m³);

D——拌和体长壁的深度(m);

R_L——拌和体长壁的总宽度与拌和体长短壁的总宽度的比值;

D_S——拌和体短壁的深度(m);

R_S——拌和体短壁的总宽度与拌和体长短壁的总宽度的比值;

B——拌和体的宽度(m);

W_u——壁式拌和体壁间土自重力标准值(kN);

D_L——拌和体长短壁的深度差(m)。

P.0.11 壁式拌和体基础的稳定性验算应符合下列规定。

P.0.11.1 沿拌和体基础底面的抗滑稳定性应根据下列不同的效应组合验算。

(1)不考虑波浪作用且可变作用产生的土压力为主导可变作用时,按式(P.0.11-1)计算,其中 F 按式(P.0.11-2)计算,F_R 按式(P.0.11-3)和式(P.0.11-4)分别计算并取较小值,F_u 按式(P.0.11-5)和式(P.0.11-6)分别计算并取较小值;

$$\gamma_0(\gamma_E E_H + \gamma_{PW} P_W + \gamma_E E_{qH} + \phi\gamma_{PR} P_{RH}) \leqslant \frac{1}{\gamma_d}(F + \gamma_{EP} E_P) \qquad (P.0.11\text{-}1)$$

$$F = F_R + F_u \qquad (P.0.11\text{-}2)$$

$$F_R = (\gamma_G G + \gamma_E E_V + \gamma_E E_{qV})\tan\varphi + \gamma_c c_1 B R_L \qquad (P.0.11\text{-}3)$$

$$F_R = \frac{1}{\gamma_R}\tau_{ak} B R_L \qquad (P.0.11\text{-}4)$$

$$F_U = \gamma_G W_U \tan\varphi + \gamma_c c_2 B R_S \qquad (P.0.11\text{-}5)$$

$$F_U = \gamma_c c_1 B R_S \qquad (P.0.11\text{-}6)$$

(2)不考虑波浪作用且系缆力为主导可变作用时,按式(P.0.11-7)计算,其中 F 按式(P.0.11-2)计算,F_R 按式(P.0.11-4)和式(P.0.11-8)分别计算并取较小值,F_u 按式(P.0.11-5)和式(P.0.11-6)分别计算并取较小值;

$$\gamma_0(\gamma_E E_H + \gamma_{PW} P_W + \gamma_{PR} P_{RH} + \phi\gamma_E E_{qH}) \leqslant \frac{1}{\gamma_d}(F + \gamma_{EP} E_P) \qquad (P.0.11\text{-}7)$$

$$F_R = (\gamma_G G + \gamma_E E_V - \gamma_{PR} P_{RV} + \phi\gamma_E E_{qV})\tan\varphi + \gamma_c c_1 B R_L \qquad (P.0.11\text{-}8)$$

(3)考虑波浪作用且波浪力为主导可变作用时,按式(P.0.11-9)计算,其中 F 按式(P.0.11-2)计算,F_R 按式(P.0.11-4)和式(P.0.11-10)分别计算并取较小值,F_u 按式(P.0.11-5)和式(P.0.11-6)分别计算并取较小值;

$$\gamma_0(\gamma_E E_H + \gamma_{PW} P_W + \gamma_P P_B + \phi\gamma_E E_{qH}) \leqslant \frac{1}{\gamma_d}(F + \gamma_{EP} E_P) \qquad (P.0.11\text{-}9)$$

$$F_R = (\gamma_G G + \gamma_E E_V + \phi\gamma_E E_{qV})\tan\varphi + \gamma_c c_1 B R_L \qquad (P.0.11\text{-}10)$$

(4)考虑波浪作用且可变作用产生的土压力为主导可变作用时,按式(P.0.11-11)计算,其中 F 按式(P.0.11-2)计算,F_R 按式(P.0.11-3)和式(P.0.11-4)分别计算并取较小值,F_u 按式(P.0.11-5)和式(P.0.11-6)分别计算并取较小值。

$$\gamma_0(\gamma_E E_H + \gamma_{PW} P_W + \gamma_E E_{qH} + \phi\gamma_P P_B) \leqslant \frac{1}{\gamma_d}(F + \gamma_{EP} E_P) \qquad (P.0.11\text{-}11)$$

式中 γ_0——结构重要性系数,按表 P.0.7-1 取值;

γ_E——主动土压力分项系数,按表 P.0.7-2 取值;

E_H——永久作用总主动土压力水平分力标准值(kN);

γ_{PW}——剩余水压力分项系数,按表 P.0.7-2 取值;

P_W——作用在拌和体底面以上的剩余水压力标准值(kN);

E_{qH}——可变作用总主动土压力水平分力标准值(kN);

ϕ——作用效应组合系数,持久组合取0.7,短暂组合取1.0;

γ_{PR}——系缆力的分项系数,按表P.0.7-2取值;

P_{RH}——系缆力水平分力标准值(kN);

F——拌和体基础底面抗滑阻力设计值(kN);

γ_{EP}——被动土压力分项系数,取1.0;

E_P——永久作用总被动土压力水平分力标准值(kN);

γ_d——结构系数取1.1;

F_R——拌和体长壁底面抗滑阻力设计值(kN);

F_U——拌和体壁间土底面抗滑阻力设计值(kN);

γ_G——自重力分项系数,取1.0;

G——作用于拌和体底面的总自重力标准值(kN);

E_V——永久作用总主动土压力竖向分力标准值(kN);

E_{qV}——可变作用总主动土压力竖向分力标准值(kN);

φ——拌和体着底土层的内摩擦角(°);

γ_c——拌和体着底土层黏聚力分项系数,取1.0;

c_1——壁间土长壁底面地基土的黏聚力(kPa);

B——拌和体的宽度(m);

R_L——拌和体长壁总宽度与拌和体长短壁总宽度的比值;

τ_{ak}——拌和体抗剪强度标准值(kPa);

γ_R——拌和体抗力分项系数,取2.2;

W_U——拌和体壁间土自重力标准值(kN);

c_2——壁间土底面土的黏聚力(kPa);

R_S——拌和体短壁总宽度与拌和体长短壁总宽度的比值;

P_{RV}——系缆力竖向分力标准值(kN);

γ_P——波浪力分项系数,按表P.0.7-2取值;

P_B——作用于上部结构波浪力标准值(kN)。

P.0.11.2 对拌和体前趾的抗倾稳定性应根据下列不同的效应组合验算:

(1)不考虑波浪作用且可变作用产生的土压力为主导可变作用时,按下式计算:

$$\gamma_0(\gamma_E M_{EH}+\gamma_{PW}M_{PW}+\gamma_E M_{EqH}+\phi\gamma_{PR}M_{PB})\leqslant\frac{1}{\gamma_d}(\gamma_G M_G+\gamma_G M_{Wu}+\gamma_E M_{EV}+\gamma_E M_{EqV}+\gamma_{EP}M_{EP}) \tag{P.0.11-12}$$

(2)不考虑波浪作用且系缆力产生的倾覆力矩为主导可变作用时,按下式计算:

$$\gamma_0(\gamma_E M_{EH}+\gamma_{PW}M_{PW}+\gamma_{PR}M_{PR}+\phi\gamma_E M_{EqH})\leqslant\frac{1}{\gamma_d}(\gamma_G M_G+\gamma_G M_{Wu}+\gamma_E M_{EV}+\gamma_{EP}M_{EP}+\phi\gamma_E M_{EqV}) \tag{P.0.11-13}$$

(3)考虑波浪作用且波浪力为主导可变作用时,按下式计算:

$$\gamma_0(\gamma_E M_{EH}+\gamma_{PW}M_{PW}+\gamma_P M_{PB}+\phi\gamma_E M_{EqH})\leqslant\frac{1}{\gamma_d}(\gamma_G M_G+\gamma_G M_{Wu}+\gamma_E M_{EV}+\gamma_{EP}M_{EP}+\phi\gamma_E M_{EqV})$$

(P.0.11-14)

(4)考虑波浪作用且可变作用产生的土压力为主导可变作用时,按下式计算:

$$\gamma_0(\gamma_E M_{EH}+\gamma_{PW}M_{PW}+\gamma_E M_{EqH}+\phi\gamma_P M_{PB})\leqslant\frac{1}{\gamma_d}(\gamma_G M_G+\gamma_G M_{Wu}+\gamma_E M_{EV}+\gamma_E M_{EqV}+\gamma_{EP}M_{EP})$$

(P.0.11-15)

式中 γ_0——结构重要性系数,按表P.0.7-1取值;

γ_E——主动土压力分项系数,按表P.0.7-2取值;

M_{EH}——永久作用总主动土压力水平分力标准值对拌和体前趾的倾覆力矩(kN·m);

γ_{PW}——剩余水压力分项系数,按表P.0.7-2取值;

M_{PW}——作用在拌和体底面以上的剩余水压力标准值对拌和体前趾的倾覆力矩(kN·m);

M_{EqH}——可变作用总主动土压力水平分力标准值对拌和体前趾的倾覆力矩(kN·m);

ϕ——作用效应组合系数,持久组合取0.7,短暂组合取1.0;

γ_{PR}——系缆力的分项系数,按表P.0.7-2取值;

M_{PR}——系缆力标准值对拌和体前趾的倾覆力矩(kN·m);

γ_G——自重力分项系数,取1.0;

M_G——作用于拌和体底面的总自重力标准值对拌和体前趾的稳定力矩(kN·m);

M_{wu}——壁间土自重力标准值对拌和体前趾的稳定力矩(kN·m);

M_{EV}——永久作用总主动土压力竖向分力标准值对拌和体前趾的稳定力矩(kN·m);

M_{EqV}——可变作用总主动土压力竖向分力标准值对拌和体前趾的稳定力矩(kN·m);

γ_{EP}——被动土压力分项系数,取1.0;

M_{EP}——永久作用总被动土压力标准值对拌和体前趾的稳定力矩(kN·m);

γ_d——结构系数,取1.1;

γ_P——波浪力分项系数,按表P.0.7-2取值;

M_{PB}——作用于上部结构波浪力标准值对拌和体前趾的倾覆力矩(kN·m)。

P.0.11.3 拌和体壁间土抗挤出的稳定性对不同的计算深度应按式(P.0.11-16)验算,见图P.0.11。

$$\gamma_S(P'_a+h_W\gamma_W D_i L_S)\leqslant\frac{1}{\gamma_R}[2(L_S+D_i)cB+P'_P] \qquad (P.0.11\text{-}16)$$

式中 γ_S——综合分项系数,可取1.0;

P'_a——D_i范围内作用于壁间土侧面的总主动土压力标准值(kN);

h_W——土体计算滑动面的剩余水头(m);

γ_W——水的重度(kN/m³);

D_i——拌和体短壁底部至土体滑动面的距离(m);

L_S——拌和体短壁宽度(m);

γ_R——抗力分项系数,取值不小于1.2;

c——土体计算滑动面的抗剪强度(kPa);

B——拌和体的宽度(m);

P'_P——D_i 范围内作用于壁间土侧面的总被动土压力标准值(kN);

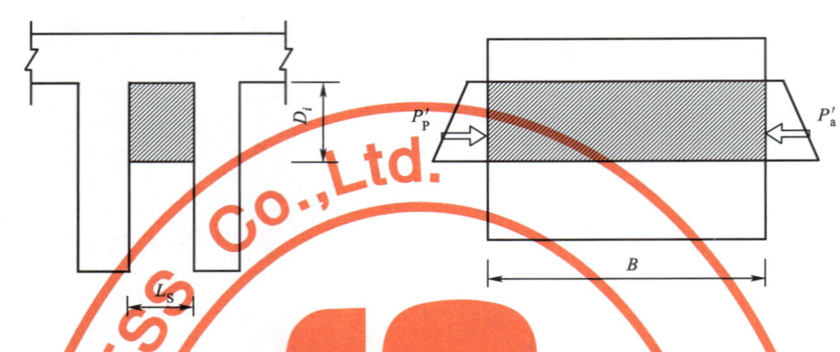

图 P.0.11 壁间土抗挤出稳定性验算示意图

L_S-拌和体短壁宽度;D_i-拌和体短壁底部至土体计算滑动面的距离;B-拌和体宽度;P'_P-D_i 范围内作用于壁间土侧面的总被动土压力标准值;P'_a-D_i 范围内作用于壁间土侧面的总主动土压力标准值

P.0.11.4 壁式拌和体地基承载力和整体抗滑稳定性验算按本规范第6章和第7章的有关规定进行验算。

P.0.12 壁式拌和体的强度验算应符合下列规定。

P.0.12.1 当拌和体底面为条形或矩形时,拌和体底面地基应力应按下列方法计算:

(1)当 $\xi \geqslant \frac{B}{3}$ 时,拌和体底面地基应力标准值按下列公式计算:

$$\sigma_{\max\atop\min} = \frac{V_k}{BR_L}\left(1 \pm \frac{6e}{B}\right) \tag{P.0.12-1}$$

$$e = \frac{B}{2} - \xi \tag{P.0.12-2}$$

$$\xi = \frac{M_R - M_O}{V_k} \tag{P.0.12-3}$$

(2)当 $\xi < \frac{B}{3}$ 时,拌和体底面地基应力标准值按下列公式计算:

$$\sigma_{\max} = \frac{2V_k}{3\xi R_L} \tag{P.0.12-4}$$

$$\sigma_{\min} = 0 \tag{P.0.12-5}$$

式中 $\sigma_{\max}$、$\sigma_{\min}$——拌和体底面最大、最小地基应力标准值(kPa);

V_k——作用于拌和体底面的竖向合力标准值(kN);

e——拌和体底面合力作用点偏心距(m);

B——拌和体宽度(m);

R_L——拌和体长壁的总宽度与拌和体长短壁总宽度的比值;

ξ——合力作用点至前趾的距离(m);

M_R——作用于拌和体底面竖向合力标准值对拌和体前趾的稳定力矩(kN·m)；

M_0——倾覆力矩标准值对拌和体前趾的倾覆力矩(kN·m)。

P.0.12.2 当拌和体底面为条形或矩形以外的形状时，拌和体底面地基应力标准值应按偏心受压公式计算。

P.0.12.3 拌和体抗压承载力应按下式进行验算：

$$\gamma_0\gamma_\sigma\sigma_{max}\leqslant\frac{1}{\gamma_R}\sigma_{cak} \qquad (P.0.12\text{-}6)$$

式中 γ_0——结构重要性系数，按表P.0.7-1取值；

γ_σ——压应力综合分项系数，取1.35；

σ_{max}——拌和体底面最大地基应力标准值(kPa)；

σ_{cak}——拌和体抗压强度标准值(kPa)；

γ_R——拌和体抗力分项系数，取2.2。

P.0.12.4 长壁和短壁的抗剪强度应按下式方法验算：

(1)长壁抗剪强度按下列公式验算，见图P.0.12-1；

$$\gamma_0\gamma_\tau\tau_L\leqslant\frac{1}{\gamma_R}\tau_{ak} \qquad (P.0.12\text{-}7)$$

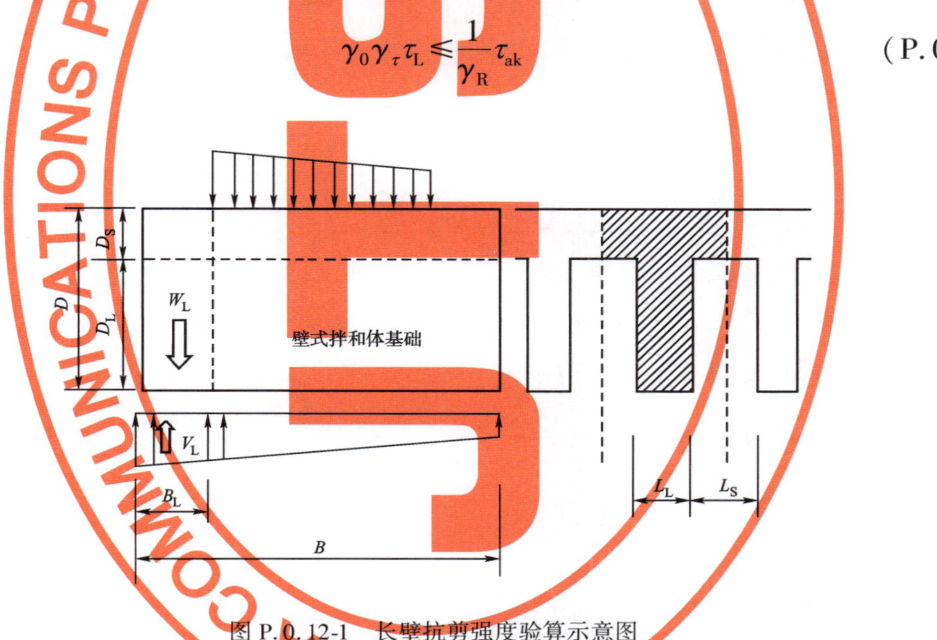

图P.0.12-1 长壁抗剪强度验算示意图

D-拌和体长壁的深度；D_L-拌和体长短壁深度差；D_S-拌和体短壁的深度；W_L-B_L范围内拌和体自重力标准值；V_L-B_L范围内长壁地基应力合力标准值；B_L-拌和体前趾铅直面至拌和体顶面应力边线的距离；B-拌和体宽度；L_L-拌和体长壁的宽度；L_S-拌和体短壁的宽度

$$\tau_L=\lambda_L\frac{V_L-W_L}{S} \qquad (P.0.12\text{-}8)$$

(2)短壁抗剪强度按下列公式验算，见图P.0.12-2。

$$\gamma_0\gamma_\tau\tau_s\leqslant\frac{1}{\gamma_R}\tau_{ak} \qquad (P.0.12\text{-}9)$$

$$\tau_s=\lambda_s\frac{(P'_{max}+\gamma D_s)L_s}{2D_s} \qquad (P.0.12\text{-}10)$$

式中 γ_0——结构重要性系数,按表 P. 0. 7-1 取值;

γ_τ——剪应力综合分项系数,取 1. 35;

τ_L——长壁最大剪应力标准值(kPa);

γ_R——拌和体抗力分项系数,取 2. 2;

τ_{ak}——拌和体抗剪强度标准值(kPa);

λ_L——长壁最大剪应力与平均剪应力之比,取 1. 5;

V_L——B_L 范围内长壁地基应力合力标准值(kN);

W_L——B_L 范围内拌和体自重力标准值(kN);

S——计算剪切面拌和体的面积(m^2);

τ_s——短壁最大剪应力标准值(kPa);

λ_s——短壁最大剪应力与平均剪应力之比,取 1. 5;

P'_{max}——抛石基床底面最大应力标准值(kPa);

γ——拌和体重度(kN/m^3);

D_s——拌和体短壁深度(m);

L_s——拌和体短壁宽度(m)。

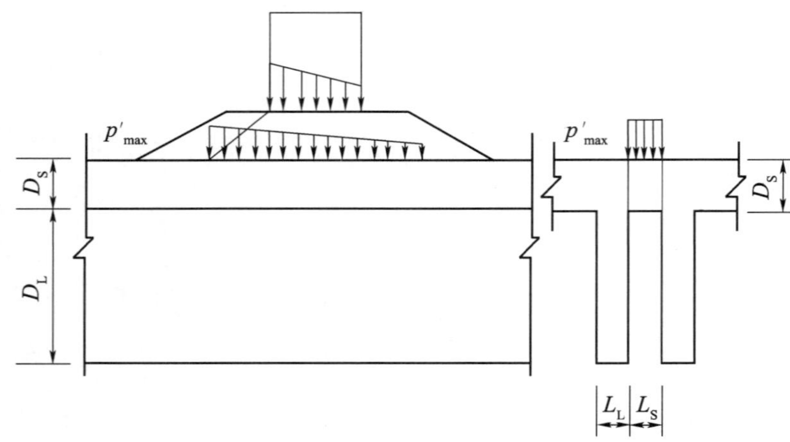

图 P. 0. 12-2 短壁抗剪强度验算示意图

D_S-拌和体短壁的深度;D_L-拌和体长短壁深度差;L_L-拌和体长壁的宽度;p'_{max}- 抛石基床底面最大应力标准值;L_S-拌和体短壁的宽度

附录 Q　本规范用词说明

Q.0.1　为方便在执行本规范条文时区别对待,对要求严格程度不同的用词说明如下:

(1)表示很严格,非这样做不可的,正面词采用“必须”,反面词采用“严禁”;

(2)表示严格,在正常情况下均应这样做的,正面词采用“应”,反面词采用“不应”或“不得”;

(3)表示允许稍有选择,在条件许可时首先应这样做的,正面词采用“宜”,反面词采用“不宜”;

(4)表示允许选择,在一定条件下可以这样做的采用“可”。

引用标准名录

1.《建筑地基基础设计规范》(GB 50007)
2.《建筑抗震设计规范》(GB 50011)
3.《岩土工程勘察规范》(GB 50021)
4.《建筑边坡工程技术规范》(GB 50330)
5.《水运工程岩土勘察规范》(JTS 133)
6.《港口工程荷载规范》(JTS 144—1)
7.《水运工程抗震设计规范》(JTS 146)
8.《防波堤设计与施工规范》(JTS 154—1)
9.《重力式码头设计与施工规范》(JTS 167—2)
10.《板桩码头设计与施工规范》(JTS 167—3)
11.《港口与航道水文规范》(JTS 145)
12.《建筑地基处理技术规范》(JGJ 79)
13.《建筑桩基技术规范》(JGJ 94)
14.《水泥土配合比设计规程》(JGJ/T 233)

附加说明

本规范主编单位、参编单位、主要起草人、主要审查人、总校人员和管理组人员名单

主编单位：中交天津港湾工程研究院有限公司

参编单位：中交第一航务工程局有限公司
中交水运规划设计院有限公司
中交第一航务工程勘察设计院有限公司
中交第二航务工程勘察设计院有限公司
中交第三航务工程勘察设计院有限公司
中交第四航务工程勘察设计院有限公司
天津大学
四川省交通运输厅交通勘察设计研究院

主要起草人：李树奇（中交天津港湾工程研究院有限公司）
刘爱民（中交天津港湾工程研究院有限公司）
黄传志（中交天津港湾工程研究院有限公司）
叶国良（中交天津港湾工程研究院有限公司）
（以下按姓氏笔画为序）
尹彦忠（四川省交通运输厅交通勘察设计研究院）
朱胜利（中交天津港湾工程研究院有限公司）
刘彦忠（中交第一航务工程勘察设计院有限公司）
刘家才（中交第三航务工程勘察设计院有限公司）
闫澍旺（天津大学）
朱耀庭（中交天津港湾工程研究院有限公司）
何汉艺（中交第四航务工程勘察设计院有限公司）
杨京方（中交天津港湾工程研究院有限公司）
杨国平（中交水运规划设计院有限公司）
苗中海（中交天津港湾工程研究院有限公司）
岳铭滨（中交第一航务工程局有限公司）

郭述军(中交天津港湾工程研究院有限公司)
俞武华(中交第二航务工程勘察设计院有限公司)
曹永华(中交天津港湾工程研究院有限公司)
喻志发(中交天津港湾工程研究院有限公司)

主要审查人:徐　光
(以下按姓氏笔画为序)
仉伯强、麦远俭、严　驰、李悟洲、林佑高、胡家顺、莫景逸、顾春光、徐元锡、程新生、蔡　波

总 校 人 员:刘国辉、李荣庆、吴敦龙、董　方、刘爱民、刘家才、朱耀庭、杨国平、喻志发、赵　岩

管理组人员:梁爱华(中交天津港湾工程研究院有限公司)
刘爱民(中交天津港湾工程研究院有限公司)
叶国良(中交天津港湾工程研究院有限公司)
朱耀庭(中交天津港湾工程研究院有限公司)
喻志发(中交天津港湾工程研究院有限公司)

中华人民共和国行业标准

水运工程地基设计规范

JTS 147—2017

条 文 说 明

目　　次

1 总 则

1.0.2 水运工程包括港口工程、航道工程和船厂水工建筑物工程，其中航道工程包括内河航道工程、沿海航道工程和渠化枢纽及通航建筑物工程。

1.0.4 港内建筑物，除码头、防波堤、护岸、堆场等建筑物外，尚有工业与民用建筑物、铁路、道路等建筑物，对于这些建筑物地基及地基处理设计还要符合现行国家标准《建筑地基基础设计规范》(GB 50007)以及现行行业标准《铁路路基设计规范》(JB 10001)和《铁路桥涵地基和基础设计规范》(JB 10002.5)、《港口道路、堆场铺面设计与施工规范》(JTJ 296)等标准的规定。

2 术 语

2.0.2～2.0.3 关于重度(重力密度或容重)等名词的解释

重度(重力密度或容重):容重是岩土工程原有的基本术语、应用多年,为土的单位体积的重量。长期以来,人们对“重量”一词是代表质量多少,还是受地球引力的大小未持疑义,也未加以区分。《力学的量和单位》(GB 3102.3—1993)中3.9.2重量的名称备注:“重量一词按照习惯仍可表示质量;但是,不赞成这种习惯。”这就意味着不能采用“重量”一词,为了回避重量一词,原《港口工程地基规范》从98版开始就将“容重”改为“重度”。国标《岩土工程基本术语标准》(GB/T 50279—2014)也将“容重”改为“重度”。

3 基本规定

3.0.6 土性指标的统计和土性指标的变异性，本应考虑土性指标的空间变异性，但由于目前对空间变异性的应用不普遍，尚缺乏经验，因此本条规定当需要进行可靠指标计算时，岩土物理力学某基本变量统计参数才按随机场考虑(即考虑空间变异性)。

3.0.7 国内某工程初期，曾因受到小于施工期设计波高的作用造成半圆沉箱导堤局部区段地基软黏土强度严重降低，导致部分堤段地基沉陷破坏。经采用现场取样的原状土，模拟波浪动荷载作用的三轴室内试验证实，静三轴 UU 试验得到的土样不排水强度平均值为 14.7kPa；但同批土样在模拟波浪动荷载作用的动三轴 UU 试验中的振后不排水强度平均值则为 5.33kPa，仅为静三轴 UU 强度的 36%。经组织专题研究成功解决了抗软化的工程设计和施工难题，但对软黏土在波浪动荷影响下的软化机理等尚难以得到可供工程应用的成果。初步认为，地基土的静、动强度特性和在波浪(通过建筑物)作用下土层中的应力水平，特别是动/静应力比是影响软黏土是否发生强度软化的重要因素。该工程的经验表明，通过模拟波浪荷载的动三轴和静三轴试验是可以判断软化发生的可能性的。

4 岩土分类及工程特性

4.1 岩的分类

4.1.1 ~4.1.2 岩石和岩体要分别进行评价。

(一)对岩石的分类说明如下:

(1)岩石按成因分类:是最广泛应用的基本分类,不同成因的岩石,其工程地质特性常有明显差别。

(2)岩石按强度分类:与现行国家标准《岩土工程勘察规范》[GB 50021—2001(2009年版)]一致。

(二)对于岩石坚硬程度的划分说明如下:

应尽量现场取样并进行岩石饱和单轴抗压强度试验,通过试验结果定量判断坚硬程度。

(三)岩石按软化系数分类:软化系数是衡量水对岩石强度影响程度的重要指标。采用0.75作为软化和不软化岩石的界限值是根据现行国家标准《岩土工程勘察规范》[GB 50021—2001(2009年版)]而确定的,这也符合国内外以往的惯例。

(四)对于岩体划分出全风化一档的理由如下:

在残积土和强风化带(岩)之间客观上存在着一个似土非土、似岩非岩的风化程度最强烈、最严重的档次,单独划出,有利于正确评价其工程地质特性。

同时,为了与国内外有关规范取得一致,以便统一标准,利于科技交流。目前国内外有关规范对风化岩(带)的划分已趋于一致,绝大多数均列有全风化带(岩),且均划分为全风化、强风化、中等(弱)风化、微风化及未风化(新鲜岩石)5个等级。如《岩土工程勘察规范》[GB 50021—2001(2009年版)]、《水利水电工程地质勘察规范》(GB 50487—2008)、英国《场地勘察实施规范》(BS 59301981)、《国际岩石力学协会实验室和现场标准委员会》(ISRM 1979)等。

(五)岩体分类

(1)岩体根据结构类型的分类与现行国家标准《岩土工程勘察规范》[GB 50021—2001(2009年版)]基本一致;

(2)岩体按岩石质量指标(RQD)分类与国际标准一致;

(3)岩层按单层厚度分类与现行国家标准《岩土工程勘察规范》[GB 50021—2001(2009年版)]一致。

4.2 土的分类

4.2.3 碎石土、砂土、粉土、黏性土的分类与现行国家标准《建筑地基基础设计规范》

(GB 50007—2011)、《岩土工程勘察规范》[GB 50021—2001(2009年版)]、《水运工程岩土勘察规范》(JTS 133—2013)以及部分行业标准规范的规定基本一致。

关于“黏土”还是“粘土”,目前国内各行业有多种表述,在《土的工程分类标准》(GB/T 50145—2007)、《建筑地基基础设计规范》(GB 50007—2011)、《铁路工程岩土分类标准》(TB 10077—2001)、《岩土工程勘察规范》[GB 50021—2001(2009年版)]、《水电水利工程土工试验规程》(DL/T 5355—2006)等标准中都称之为“黏土”,编写组认为,作为土的分类定名,“黏土”更恰当些。

4.2.4 鉴于水运工程的行业特点,在“淤泥质土”的分类上,本标准比《建筑地基基础设计规范》(GB 50007—2011)、《岩土工程勘察规范》[GB 50021—2001(2009年版)]等标准规范按照含水率、孔隙比的不同做了更进一步的分类,此分类方法已在本行业沿用多年,没有任何异议。值得一提的是,前几个版次的《港口工程地基规范》、《港口工程地质勘察规范》等中将含水率大于150%的“土”(实际上可认为是泥浆)称之为“浮泥”,这种“土”的强度、承载力等工程特性指标极低,单独分类的实际意义并不太大,因此在本规范中也不再单独作为一个亚类。

4.2.5 在过去的规范中,一般将有机质含量不小于5%的土统称为有机质土,考虑到规范的适用范围包括国内所有地区的相关水运工程建筑,各地区的土质情况不同,因此,在条文中增加了“可按现行国家标准《岩土工程勘察规范》(GB 50021)划分为有机质土、泥炭质土和泥炭”的内容。

4.2.6 混合土:在我国港口工程中常遇到淤泥质土或淤泥与砂土相混构成的混合土,这是两种成因类型(如海相与陆相)的两类土(如砂土与淤泥)相混沉积构成的混合土,不同于残积、坡积,洪积单一成因类型的土。其特点为没有层理造构,又极不均匀,因缺乏中间粒径,不均匀系数 C_u 和曲率系数 C_c 极大超过黏性土或砂土的数10倍甚至上百倍,其中淤泥或淤泥质土的状态多属流塑状态,强度低,土质极软,但因混有粗砾砂土,往往在土工试验中得出内摩擦角偏大,这样在进行地基设计时,如果对混合土认识不清,未能选取起主导作用土类的强度值进行设计,就可能发生地基失稳。

4.2.7 层状构造土:在我国沿海、河口港、三角洲地区和河漫滩地区,常遇到黏性土与粉细砂土呈互层或夹层以及间层的层状构造土,这种土层层理清楚,层薄者为夹层或间层,层厚者为互层,这种土的渗透性,固结性质和抗剪强度具有非常明显的各向异性特征,对工程进行评价时要注意这个问题。

4.2.8 花岗岩残积土是指花岗岩风化的最终产物,并残留在原地未经搬运,除石英外其他矿物均已变为土状,这类土在我国东南沿海和北方部分沿海花岗岩地区广为分布,本条内容根据有关经验和水运工程特点制定。

4.2.14 砂土颗粒组成特征,根据土的不均匀系数 C_u 和曲率系数 C_c 确定,这条是引用现行国家标准《土的工程分类标准》(GB /T 50145—2007)。C_u 和 C_c 是表示级配曲线分布范围的宽窄和级配曲线分布状态的参数,对重要工程的砂类土给出 C_u、C_c 系数是有实用价值的。

4.2.15 软土灵敏度的取得,一般采用现场十字板剪切试验和原状土室内试验两种方法。

现场十字板剪切试验是将十字板剪切的“峰值强度”与“重复剪土的强度”的比值作为灵敏度指标;室内试验是将“原状土的无侧限抗压强度”与“原状土同密度、同含水率,但结构彻底破坏的重塑土的无侧限抗压强度”的比值作为灵敏度指标。软土灵敏度的划分依据是国家现行行业标准《铁路工程岩土分类标准》(TB 10077—2001、J 123—2001)。

4.2.16 饱和状态下(饱和度 $S_r=100\%$ 时),当已知土的含水率和土粒的比重 G_s 时,能用(4.2.16-1)式估算土的重度,此式为上述条件下的理论计算公式。

4.3 岩土工程特性指标

4.3.1 地基土的工程特性指标是指满足工程需要的强度、压缩性等要求的指标,通常需要室内试验和现场原位试验综合分析给出。原位试验成果一般不能单独应用。

4.3.2 本条内容与国家标准《建筑地基基础设计规范》(GB 50007—2011)的相关要求一致。

4.3.3 本条内容与国家标准《建筑地基基础设计规范》(GB 50007—2011)的相关要求一致。

水运工程行业涉及的地区软土分布面积较广,现场十字板剪切试验较为方便,应用也非常普遍。室内剪切试验建议选择三轴试验,由于三轴试验操作复杂、试验费用相对偏高等方面的原因,目前仍有不少单位选择直剪试验,鉴于直剪试验本身存在许多不足,如无法控制排水等,本规范也不推荐直剪试验。

4.3.4 压缩性指标是计算建筑物沉降的重要依据之一,通常是根据室内固结试验成果进行确定,设计单位可以根据工程的实际需要提出固结试验的方法以及期望的压缩性试验指标要求,如压缩系数、压缩模量、固结系数、先期固结压力、压缩指数、回弹指数等,需要时结合现场载荷试验进行确定。

4.3.5 水运工程中大量透水性较差的软土,采用常规的变水头渗透试验操作困难或试验人为误差偏大,而采用固结系数、体积压缩系数的推算值可能更贴近实际,因此,同国家标准《岩土工程勘察规范》[GB 50021—2001(2009年版)]一样,在本规范的条文中,我们也加入了相关内容。

固结系数、体积压缩系数、渗透系数三者之间的关系见下式:

$$C_v=\frac{k}{m_v\gamma_w}=\frac{k(1+e_0)}{\gamma_w a} \tag{4.1}$$

式中:C_v——土的固结系数(cm^2/s);

k——土的渗透系数(cm/s);

m_v——土的体积压缩模量(kPa^{-1});

γ_w——水的重度(kN/m^3);

e_0——土的初始孔隙比;

a——压缩系数(kPa^{-1})。

4.3.6~4.3.11 每种原位试验方法均有其适用性,各单位要根据本单位经验或地区经验选择采用。一般情况,便于取样的工程,原位试验要结合现场取样试验结果评定。

4.3.12 近些年来，软土地基加固的工后沉降问题日益突出，国内不少专家学者认为，主要原因在于设计阶段对次固结作用考虑欠周，因此本规范单独列一条加以规定。

4.3.13 本条较全面地规定了减少地基液化危害的对策：首先，液化判别的范围为抗震设防烈度6度以上地区且存在饱和砂土和粉土的土层；其次，一旦属于液化土，要评定地基的液化等级；最后，根据液化等级和建筑的抗震设防类别，选择合适的处理措施。

5 地基承载力

5.1 一般规定

5.1.1 本章中的地基承载力是地基极限承载力；地基极限承载力是在综合考虑了基础底面宽度内承受的竖向设计荷载、极限荷载的条件下确定的。极限荷载也称地基承载力竖向应力，为地基承受与设计荷载形式相同，且使地基土处于极限状态条件下的最大竖向荷载；其中的设计荷载形式包括：竖向荷载和水平荷载沿基础底面分布形式、边载。

5.1.4 对矩形基础，由于对一般的地基情况尚没有适用的地基承载力验算方法，建议简化为条形基础计算。

5.1.6 根据水运工程特点，对验算地基承载力的墙前水位做了规定。对计入波浪力的建筑物，由于极端低水位与波浪力作用组合不一定是最不利的，所以规范条文规定“应取水位与波浪力的最不利组合”。

5.2 作用于计算面上的应力

5.2.1 明确了验算地基承载力时的荷载作用面(计算面)为抛石基床底面，因为研究表明：有的工程滑动面最大深度就在砂垫层内。

5.2.2～5.2.3 水运工程水工建筑物不同于一般陆上工业与民用建筑，它承受偏心荷载和水平荷载，如土压力、水压力、波浪力、系缆力等作用，使其作用于基础底面的合力为偏心的倾斜荷载。根据地基极限承载力理论，极限荷载(地基极限承载力竖向应力)是土体处于极限状态时地基可以承受的最大荷载(包括水平荷载)，也是偏心荷载。而实际工程的地基承载力是地基承受实际荷载(设计荷载)的能力。所以，要在同时考虑设计荷载(作用于基础底面的竖向应力)和极限荷载的条件下，确定相对设计荷载的地基承载力。

对设计荷载的偏心特征，过去一直采用合力偏心距减小基础有效宽度的方法降低承载力，这只能考虑设计荷载的偏心特征，不能考虑极限荷载的偏心特征。本次规范制定同时考虑设计荷载、极限荷载的分布，按不违背屈服准则的原则确定地基承载力。因此，应当确定作用于计算面的应力。

对设计荷载的倾斜特征，仍采用倾斜率($\tan\delta$)来考虑倾斜荷载的影响。倾斜率作为计算极限荷载的一个条件，不同的极限荷载计算方法是不同的(参见5.3.6条$\tan\delta'$)。

5.3 验算方法

5.3.1 地基承载力的确定，受勘察质量的高低、土层划分是否合理、指标统计件数多少和代表性以及可靠性等因素的影响，单纯用一种方法确定地基承载力，有时可能与实际不符或出现失误,因此条文规定"应结合原位测试结果和实践经验综合确定"。

对一般情况,当地基勘察和试验质量满足工程要求、土层划分合理、数据统计可靠时,地基承载力要以公式计算满足极限状态设计表达式为主,并辅以原位测试结果和实践经验相互验证,综合分析确定。在一般情况,三者是一致的。

5.3.3~5.3.4 可靠度计算结果表明:极限状态时,作用的设计值较标准值增大很小,所以作用的综合分项系数取1.0;地基土的 c、φ 设计值较标准值减小,但很难对全国各地区、各土层的 c、φ 给出统一的分项系数,所以仅对抗力给出综合分项系数。

抗力分项系数,是在计算了13项重力式码头、4项防波堤工程的基础上确定的。其中:

13项重力式码头工程的抗力分项系数(固结快剪指标)平均值为3.241,其中最小值为2.204;可靠指标平均值为3.051,最小值为2.444。

4项防波堤工程中,3项稳定工程的抗力分项系数最小值为2.232(固结快剪指标)。

对重力式码头,当抛石基床较厚时,抗力分项系数取高值的主要原因之一是:结构重力在抛石基床内向后扩散而将荷载作用面向后延长,其延长段内墙后填料的垂直力尚没有计入到延长的荷载作用面内(图5.1和图5.2)。

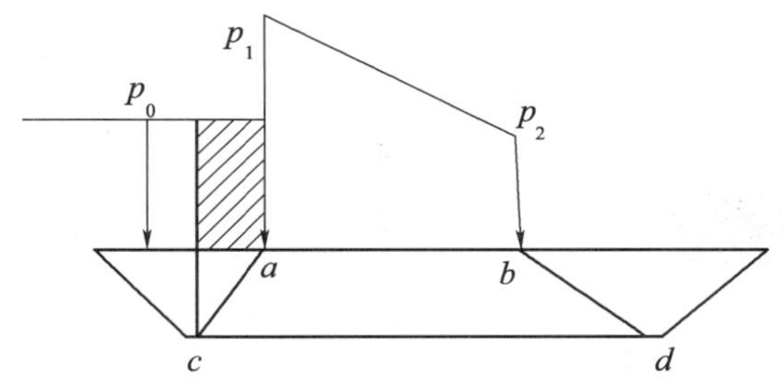

图5.1 设计荷载后偏心

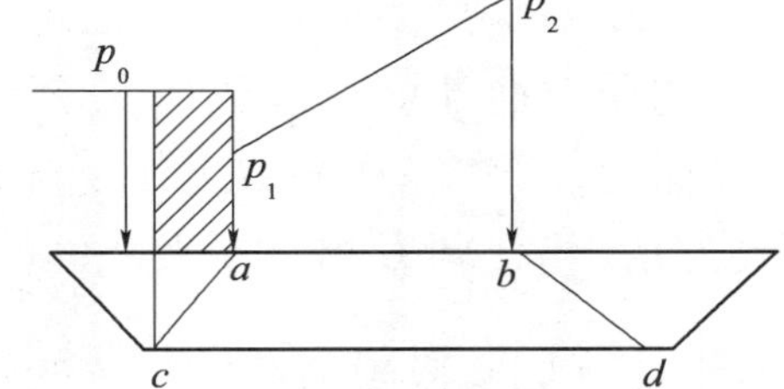

图5.2 设计荷载前偏心

5.3.5 给出相应的地基承载力验算公式。

在用极限荷载确定实际工程的地基承载力时,通常只考虑了设计荷载的分布形式(偏心矩),而没有考虑极限荷载的分布形式,这样确定的地基承载力不尽合理。例如当设计荷载的偏心矩为零时(有效宽度就是将设计荷载变为均布荷载后的荷载作用宽度,必使偏心矩为零),确定的地基承载力就是有效宽度内的总极限荷载,如果抗力分项系数为1.0,则在基础底面的竖向应力作用下,过基础底面一点$[-B_0,0]$的滑动面内土体是处于破坏状态(图5.3),而均质土条件下 $B_0 \approx 0.5B'_e$。也就是说,这个1.0的分项系数实际反映的地基情况是部分土体处于破坏状态、部分土体处于稳定状态。

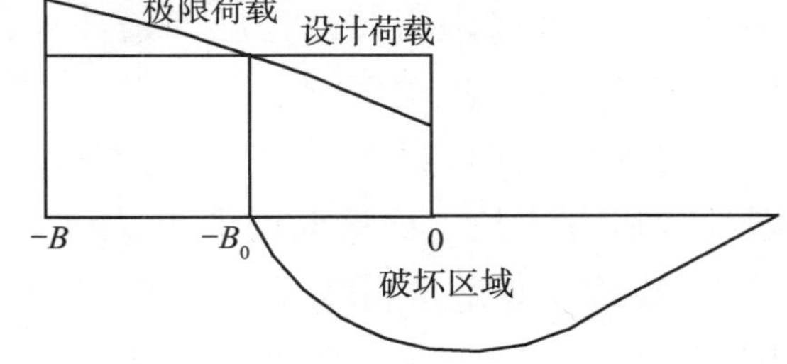

图5.3 偏心矩为零时土体破坏状态

而极限荷载也是偏心荷载,确定地基承载力时也需要考虑。本次规范制定按不违背屈服准则的要求确定地基承载力,即对所确定的抗力分项系数,要保证地基土处处均没有破坏。另外,考虑到在某些情况下计算的局部极限荷载很大,如土的内摩擦角很大时,计算面后趾附近的局部极限荷载很大,但在这个局部,实际荷载达到极限荷载的概率几乎是零,已没有实际意义。所以,在确定地基承载力时,要予以修正。具体处理方法如下:

首先确定一个分项系数的预估值:K^*,并认为实际荷载大于 K^* 倍设计荷载的可能性很小。超过 K^* 倍设计荷载的那部分极限荷载已没有实际意义,将其修正为 K^* 倍设计荷载(容许荷载)来确定地基承载力竖向应力。如果极限荷载小于 K^* 倍设计荷载,则仍以极限荷载确定地基承载力竖向应力(图 5.4 和图 5.5)。这就是导出单侧破坏模式计算公式的思路。

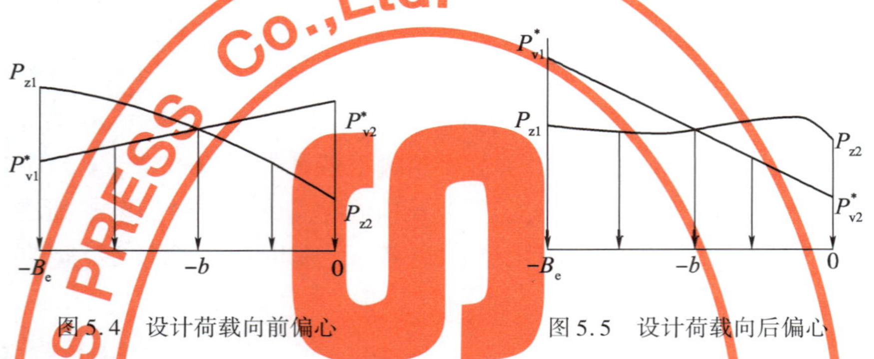

图 5.4　设计荷载向前偏心　　图 5.5　设计荷载向后偏心

5.3.6～5.3.7　对受力层由多层土组成、且土层的抗剪强度指标相差不大、边载变化不大的情况,均质土地基均布边载情况下的地基极限荷载计算公式是适用的,因为其计算简便,予以保留。对 $\varphi=0$ 的情况作了修改:取消了深度系数以使与 $\varphi>0$ 情况一致,将近似公式改为精确解(两者相差不大)。

鉴于计算地基极限荷载的特征线法对倾斜荷载是以 $\tan\delta'=\dfrac{H_k}{V_k+B_e c_k/\tan\varphi_k}$ 作为计算条件,这意味着是以沿基础底面下部土体水平面处于极限状态。为使沿基础底面下部土体的水平抗滑也有一定的安全度,所以计算中考虑了水平抗力分项系数 γ_h。

5.3.8　对非均质土地基、非均布边载的一般情况,建议了地基极限荷载的计算公式。

公式是依据单向、场破坏模式,仿照条分法的计算过程导出的。其基本思想除滑动面(族)是人为确定的外,与特征线法基本一致:将基础宽度分成 M 个小区间$[b_{j-1},b_j]$,每个小区间上的极限荷载按 $j=1,2,\cdots,M$ 依次计算,计算$[b_{j-1},b_j]$上的极限荷载时,将$[0,b_{j-1}]$上的极限荷载作为已知条件。当 M 为 20 时计算过程已具有足够的精度,建议荷载作用宽度分区个数取 $M=20$。

滑动面(族)选择对数螺旋型曲面,一是因为对边坡稳定问题,以对数螺旋面为滑动面的分析方法与其他滑动面的方法(包括圆弧面的毕肖普方法)计算的抗力分项系数比较接近(除毕肖普方法不适用的情况外)。二是不需要对土体的受力作任何的假定或简化,就可以导出适用于非均质土的极限荷载计算方法,且计算过程较为简单,计算的极限荷载数值稳定性较好。三是适用范围广泛,如地基土非水平分层的一般非均质土情况,基础底面前方的非水平土体表面情况。

当滑动面(族)选择对数螺旋面时,计算的极限荷载偏大,为了保证计算的极限荷载具有足够的精度，对两个强度指标，定义两个系数 $F_{s\varphi} \geq 1.0$、$F_{sc} \geq 1.0$，并以强度指标的折减值：$c_{Fi} = c_i / F_{sc}$，$F_{\varphi i} = \tan\varphi_i / F_{s\varphi}$ 来计算极限荷载。在均质土地基情况下，通过适当的确定这两个系数，使得计算的总极限荷载、滑动面深度、偏心矩，均与特征线法结果基本一致，然后用于非均质土地基的计算。

按总极限荷载一般略小于特征线法计算结果考虑，取：

$$F_{sc} = 1.09 + 0.06\tan\delta、F_{s\varphi} = 1.05 + 0.06\tan\delta$$

对不同的 φ、c、q（包括 $\varphi = 0$），计算结果均与特征线法（或理论解）结果吻合的很好。用于非均质土地基时其计算的总极限荷载、最大滑动面深度、极限荷载的分布，均很好地反映了成层土地基极限荷载的实际情况。

本次规范制定还考察了更精细的极限荷载计算方法，如螺旋面～螺旋面～平面计算模式，在均质土地基情况下，$F_{sc} = F_{s\varphi} = 1.01 + 0.03(\tan\varphi - \tan\delta)$，计算的总极限荷载、滑动面深度、偏心矩，较推荐的螺旋面计算模式精度更高（与特征线法相比）。但方法的计算过程较为复杂，且对非水平分层的一般非均质土、基础前方的土体表面为非水平面等情况尚有待进一步改进，计算结果也与推荐的螺旋面计算模式很接近。

5.4 提高地基承载力的技术措施

5.4.1 本条是保证与提高地基承载力的一般措施，在设计中要引起高度重视。

6 土坡和地基稳定

6.1 一般规定

6.1.1 我国水运工程地基基本属于正常固结和超固结比小于4的土,当超固结比小于4时在三轴试验中施加偏应力时孔隙水压力为正值,而当超固结比大于4时孔隙水压力为负值。

对超固结比大于4的土,常具有特殊的工程性质、国内外的经验表明采用通常方法确定的强度指标进行计算常得出过大的安全系数,遇到这种土时,要进行专门研究。

6.1.3 对大多数工程,按极端低水位计算相对其他水位计算的抗力分项系数较小;但对某些工程,按可能出现的相应水位计算相对极端低水位计算的抗力分项系数较小,所以本规范对水位选取做出"应取对稳定最不利的水位"的规定。

对有波浪作用的直立堤,由于不同的波浪力与不同水位的组合对码头稳定性影响不同,所以要考虑不同水位与波浪力的最不利组合。

当有流渗时,计算时要注意计入流渗作用,并应注意观测相应于设计及施工状况下的地下水位。

6.2 抗剪强度指标

6.2.1~6.2.2 验算土坡和地基稳定性要根据土质和工程实际情况,合理选择土的抗剪强度指标,本章给出了不同状况下抗剪强度指标的选取规定。对于土坡和地基稳定的短暂状况,往往地基土在上部荷载作用下尚未达到完全固结,所以提出不应采用固结快剪强度指标。

直剪快剪的缺点较多,最主要是试验中土样易被扰动且不能控制排水条件,试验过程中将产生不同程度的排水固结,这种排水固结随土的性质、仪器的型式及操作人员的习惯等因素而不同,常使试验结果分散,但因该方法简便,工程中应用也较多,积累了一定的经验;经多家设计单位的建议,本次规范制定规定为"有经验时也可采用直剪快剪强度指标"。

无侧限抗压强度(q_u)试验是测定黏性土在无侧限情况下,不固结不排水强度的简单、迅速的方法,各单位都有应用,一般情况下取$c_u = \frac{q_u}{2}$计算边坡稳定性。

还需说明:十字板剪、直剪固结快剪等强度指标,都不能模拟实际建筑物及荷载作用下土坡和地基千变万化的固结条件,理论上讲只有用有效强度指标,并能获得较准确的孔隙水压力分布和变化规律才能解决。所以本条规定有条件时采用有效剪测定土的抗剪强度指标。

6.2.5 开挖的土坡处于卸荷状态，开挖卸荷后土层将产生负的孔隙水压力，在一定的时间过程中逐渐吸水膨胀，负的孔隙水压力逐渐消失，因而抗剪强度逐渐降低。所以开挖工程与填方工程的土层主要不同点在于后者强度随土体固结逐渐增高，而前者初始强度较高而后期（吸水膨胀后）较低，因而抗剪强度指标应采用在卸荷条件下进行试验的抗剪强度指标。

同一工程既有挖方区也有填方区，则应该采用不同的试验方法，挖方区采用卸荷条件下进行试验的抗剪强度指标，而加荷区则采用常规试验方法。

6.3 土坡和地基稳定的验算

6.3.1 简化毕肖普法仅适用于有效剪强度指标。

6.3.2 本条给出的极限状态设计表达式中，由于抗滑力矩 M_{Rk} 和滑动力矩 M_{sd} 都包含有土体自重 W_{ki} 和可变荷载 q_{ki}，因此计算 W_{ki} 时，土的重度标准值取均值，分项系数取1.0，q_{ki} 取标准值，其分项系数取1.0。

6.3.3 本条给出的计算抗滑力矩 M_{Rk} 和滑动力矩 M_{sd} 方法是复合滑动面法，本次规范修订经专题研究论证提出的方法。该方法的优点如下：

(1)与没有任何假定条件（除滑动面外）方法相比，计算的抗力分项系数十分接近；但方法相对简单，尤其是对需要计入孔隙水压力时，应用相对方便。

(2)与目前常用的一些方法相比（如原规范中的简化毕肖普方法，及摩根斯坦方法等），不存在对某些情况下不适用问题。计算的抗力分项系数一般接近于简化毕肖普法（简化毕肖普法不适用的情况除外）。

(3)可选用不同形式的滑动面进行计算，以确定危险滑动面。当滑动面为圆弧面时，计算公式很简单（与原规范的简化毕肖普方法基本相当）。所以建议采用。

(4)对有软土夹层或倾斜岩面等情况是适用的，为便于应用，在选择相适应的滑动面较困难时，建议采用圆弧面～软土夹层或倾斜岩面～圆弧面计算。

(5)对持久状况、短暂状况（如施工期的稳定计算）及各种常用的抗剪强度指标均可应用。当采用总强度，如十字板强度或三轴不固结不排水剪强度时，滑动面通过相应土体的计算公式与简单条分法相同。

6.3.4 本条给出的计算抗滑力矩 M_{Rk} 计算方法是简单条分法和简化毕肖普方法。

简单条分法计算的抗力分项系数一般偏小，这是众所周知的事实；但由于是长期广泛应用的方法，应用经验较多，尤其是对设计的短暂状况（施工期的稳定计算），是工程中长期应用的主要方法，而简化毕肖普法仅适用于有效剪强度指标。

6.3.5 本条是对两种设计状况，稳定计算采用不同强度指标和计算公式（模式）的说明。

当采用总应力法（包括使用固结快剪指标、十字板剪切强度指标及三轴不固结不排水强度指标的复合滑动面法和简单条分法）计算边坡稳定时，对持久状况下的土体强度指标，一般来说，既不同于固结快剪指标，也不同于不排水剪指标（十字板剪切强度指标也可视为不排水剪指标），而是介于两者之间。仅在个别情况下等于这两个极端情况（某级荷重作用下,土体完全排水或完全不排水),它与土体性质、成因类型、地质年代、固结条件、填方量大小、施工速率、堆荷快慢等因素有关,因而确定土体在计算情况下实际强度值是一个复杂的问题,至今还未完全解决。

为了工程需要,选取指标时,从尽可能接近土的实际情况的要求出发而采用一些简单和近似的方法:其一是采用固结快剪指标计算土体自重产生的抗滑力,但适当考虑其堆货荷载引起的部分强度增长;其二是采用十字板或三轴(UU)总强度指标计算土体的抗滑力,再另外考虑因土体强度增长产生的抗滑力。

对设计的持久状况,一般采用固结快剪指标,即在这种荷载作用下,土体已完成固结。由于水运建设的施工速率和交付使用后的堆货速率是很难估计的。所以条文中规定了"应力固结度与计算情况相适应",这只是一种希望尽量能反映实际情况的处理办法。

十字板剪切强度指标的实质和快剪强度指标相同,都是反映土体不排水时的强度。因此,设计的持久状况下采用十字板剪切强度指标时,也要考虑因土体固结而引起的强度增长。

对设计的短暂状况如施工期的稳定计算,一般要采用十字板剪或快剪指标。

6.3.7 防波堤地基的稳定计算,对直立式防波堤计入波浪力的作用是明确的。对斜坡式防波堤不计入波浪力的作用是根据设计经验确定的。

6.3.8 建筑物失稳破坏都是在有限长的范围内产生的。破坏时滑动体为三维曲面,即侧面存在着摩擦阻力。

一般水运工程设计都按平面问题考虑,即取垂直于滑动方向的长度为无限长、失稳破坏的滑动体为圆筒形且不计侧面阻力的作用,滑动范围垂直于滑动方向的长度一般不是无限长的,其长度取决于外荷、建筑物和地基三者的共同作用。一般当局部荷载过大,局部有软土和滑动范围受限制的情况,滑动范围较小,这是偏于安全的近似简化方法。此时要计入侧面摩阻力的影响。

考虑侧摩阻力影响计算稳定的方法很多。从概念明确,计算简单考虑,推荐附录K给出的方法。计入摩阻力时,M_{Rk}能增大5%~10%。

应当强调:附录K给出的方法仅限于"局部荷载过大,局部有软土和滑动范围受限制的情况,滑动范围较小"等情况;一般的三维边坡并不适用。

6.4 抗力分项系数

6.4.1 本条规定的抗力分项系数是根据水运工程多年设计、施工经验,采用不同的抗剪强度指标和计算方法,给出对应的抗力分项系数。本次修订规范仍然继承《港口工程地基规范》(JTS 147—1—2010)的"指标-方法-分项系数"计算体系。这反映了港口工程边坡稳定计算特点。

40余项工程的计算分析表明,复合滑动面法的抗力分项系数一般接近于简化毕肖普法(简化毕肖普法不适用的情况除外)。其中对固结快剪强度指标的抗力分项系数和可靠度计算结果如下:

重力式码头工程11项:

抗力分项系数:最小值:简化毕肖普法1.371,复合滑动面法1.370;

平均值:简化毕肖普法1.686,复合滑动面法1.604;

可靠指标:最小值:简化毕肖普法2.734,复合滑动面法2.564;

平均值:简化毕肖普法4.288,复合滑动面法3.912。

高桩码头岸坡8项:

抗力分项系数:最小值:简化毕肖普法1.267,复合滑动面法1.238;

平均值:简化毕肖普法1.423,复合滑动面法1.407;

可靠指标:最小值:简化毕肖普法2.124,复合滑动面法1.899;

平均值:简化毕肖普法2.820,复合滑动面法2.749。

所以:当采用固结快剪指标、有效剪强度指标时,规定的抗力分项系数和原规范基本相同。这实际上是工程的安全度和原规范基本相同。

对简单条分法的抗力分项系数,本次修订规范与原规范相同。

6.4.2 用对比计算法,设计附近已有滑坡工程的拟建工程,要注意查明滑坡工程处于极限状态的最小抗力分项系数(安全系数)。因滑坡工程的安全度接近于极限状态,所以只要土层和土质条件基本相同,坡高和坡度相近,并已查明滑坡时的各种条件,用对比计算的方法设计拟建工程是符合实际的好方法。国内已有这方面的经验。

6.4.3 用对比计算法设计附近已有稳定坡的拟建工程,是根据水运工程设计、施工经验确定的。

6.5 保证土坡稳定的技术措施

6.5.1 实践证明,工程失稳事故大多发生于施工期。分析其原因往往是设计没有估计到和计算过这种可能出现的情况,没有及时提出施工措施和要求;而施工时也没有从有利于边坡稳定来考虑合理的施工方法和施工程序。因此,本条提出在设计和施工时要采用有利于边坡稳定的施工措施、方法和程序。

6.5.3 码头施工中会出现码头后方回填、码头前沿疏浚开挖的情况,此情况对码头地基的稳定是不利的。此情况主要分为:码头后方回填、码头前沿疏浚开挖以及码头后方回填+码头前沿疏浚开挖三种不利情况,对这些不利于码头地基稳定的情况,设计需提出相应的控制要求,以保证施工过程的码头地基稳定。

6.5.4 高灵敏度黏土加荷速率较快可使土的强度降低,在某试验工程中得到证实。所以在这种土上修建建筑物要采取较慢的加荷速率。

7 地 基 沉 降

7.1 一 般 规 定

7.1.1 各种作用中的建筑物的自重、回填及吹填造陆中的吹填土荷载、换填中换填料自重与天然地基土自重荷载差和施加于建筑物的各种静荷载、轨道荷载是引起沉降的主要原因,为计算地基沉降所必须考察的因素。至于其他一些偶然遇到的使地基发生沉降的因素,诸如临近地区的开挖,地下水位的大幅度下降,振动和地震等,他们所引起的地基沉降量也可能很值得注意,但目前尚无较成熟的分析计算方法,故不列入本章内容,若遇到这类问题时,需要进行专门研究。

鉴于地基、上部结构以及荷载的复杂性和建筑物对沉降的敏感程度不同,有的工程需要进行差异沉降计算。

地基天然土层的固结状况(欠固结或超固结)对沉降计算结果影响较大,地基土的主要沉降(压缩)是以先期固结压力作用点为应力起点而发生的,因此需考虑天然土层的固结状态对沉降的影响。

7.1.2 沉降计算的目的是为了确定或预估地基可能出现的最终沉降量(或沉降过程)、沉降差和倾斜。港口码头建筑物一般纵向长度大,基础也较宽,建筑物位置又处于海岸或河岸冲积土层且土质变化较大的地区,计算沉降量时需根据上部结构、基础(及其荷载)以及地基土质的变化情况,尤其是根据土的压缩性指标变异性的不同,合理地选择沉降计算断面,以预估码头可能发生的变形情况,据以采取合理的工程措施。

码头前后的受荷情况很不相同,造成沿基础底面宽度各点的沉降量不同,为了解基础向前或向后的倾斜情况,需要在每个计算断面内取基础底面两侧端点(前趾和后踵)以及中点作为沉降计算点。码头后方堆场在进行地基加固处理时,是否要估算加固完成后地基的沉降值和沉降差,根据其使用要求确定。

7.1.3 码头地基大都系饱和土层,荷载加于其上时需要经历一定时间,饱和土层中的孔隙水压力才会充分消散,地基沉降才会完成。因之,计算沉降时所采用的水位,对应的是最常遇的水位,并需考虑他们作用时间的长短。如潮汐港的水位,目前按设计低水位考虑。

7.1.4 在地基沉降计算中,完成最终沉降需要相当长的时间,因此只能按正常使用极限状态的长期组合情况计算。此时除永久作用,作用时间长(取标准值)外,对可变作用,只有堆货荷载、轨道荷载(轨道式堆、取料机轮压荷载)作用时间相对较长,需予以考虑。其他可变作用,由于作用时间均较短,对最终沉降的影响可以忽略不计,故均不考虑。

在正常使用极限状态、长期组合情况下,取可变荷载作用时间出现机会较长的值为代表值，即准永久值，根据《港口工程结构可靠度设计统一标准》（GB 50158—2010）的规定，可变作用的准永久值系数可取 0.6，对经常以界值出现的有界作用，准永久值系数可取 1.0。堆场地基沉降计算中，可变作用的准永久值系数在不同工程中各不相同，因此，无法确定统一的准永久值系数，故在堆场地基沉降计算时，准永久值系数取值需要根据设计经验确定。在规范中，除可变荷载外，所有的标准值均取均值，经校准，作用分项系数均能取 1.0，故在沉降计算公式中不再列出分项系数。

7.1.5 单向分层总和法是水运工程沉降理论计算的常用方法，并在使用过程中形成了大量经验，所以，将其作为规范推荐的沉降理论计算方法。

水运工程地基处理施工常采用分区、分段的施工方案，有时具备由实测沉降资料推算地基最终沉降量的条件。由于由实测沉降资料推算地基最终沉降量更为准确，其对后续地基处理工程更具指导意义。

7.1.6 天然地基的固结应力不同，决定了沉降计算中的应力起点的选择以及在压缩曲线的选择上是选择压缩曲线还是回弹再压缩曲线。沉降计算中地基应力起点选择对沉降计算结果影响很大。天然地基的欠固结是在地基土的沉积历史中，土层在自重荷载下未完全固结造成的，其与土层的沉积历时、渗透性及该土层的固结排水条件有关，由此，不同土层（性质、深度）的欠固结状态不同，对于某一具体土层，沉降计算的应力起点为该土层的先期固结压力 P_{ci}，沉降计算的附加应力为 $\sigma_{zi}+(\sum\gamma_i h_i-P_{ci})$。

7.2 地基沉降量计算

7.2.1 目前计算地基附加应力常用的理论是各向同性均质直线变形体理论。本条文中地基内任一点的垂直附加应力的计算，亦以此理论为根据。

由于码头前后的荷载不同，码头会受到水平力的作用，故作用于基础底面的水平力在地基内引起的垂直附加应力也需在沉降计算中计入。水平力在基础底面的实际分布情况尚难以准确确定，故暂用均匀分布的假定。

边载主要指码头后面地表的堆载和原地面线以上的填料重量及原地面线以下回填料减去原来土重的重量差。以图 7.1 为例，码头的边载要从 ob 线的右侧算起。如边载分布情况不规则时，一般简化为简单分布形式以便于计算。

边载对基础的沉降影响明显，尤其是基础前后两侧的边载为不称时，更可造成基础的不均匀沉降。

根据计算，当边载分布宽度为码头基础宽度的 5 倍时，其在地基中的垂直附加应力与边载分布至无限远者相差不多。为便于计算，本条文规定当边载宽度超过基础宽度的 5 倍时，可按 5 倍计，不足 5 倍时则按边载的实际分布宽度

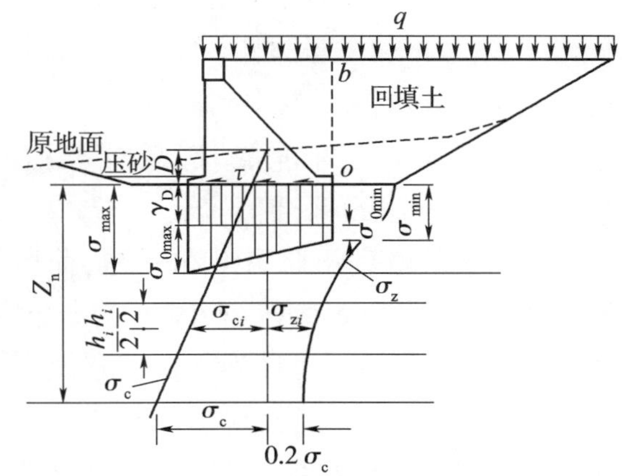

图 7.1 码头及边载

D-基础埋深；γ-土的重度；σ-基底压力；σ_0-基底垂直附加压力；τ-基底水平力；σ_c-由原地面算起的土的自重压力；σ_z-地基内某一点的垂直附加应力；Z_n-计算深度

计算。

地基最终沉降量计算中荷载组合属于正常使用极限状态准永久组合。其计算步骤是:确定荷载组合;计算基底压力设计值、基底水平力设计值、边载设计值,以及欠固结应力。其中关键是求出基底压力设计值、基底水平力设计值、边载设计值。据此求出某点沿深度的垂直附加应力设计值分布。

对于地基沉降计算正常使用极限状态作用的准永久组合,当作用与作用效应能按线性关系考虑时,其准永久组合效应设计值(如基底压力设计值、水平力设计值、边载设计值、计算点下地基沿深度的垂直附加应力设计值),根据《港口工程结构可靠性设计统一标准》(GB 50158—2010)可按下式计算:

$$S_d = \sum_{i \geqslant 1} S_{Gik} + \sum_{j \geqslant 1} \varphi_{qj} S_{Qjk} + P_t \tag{7.1}$$

式中 S_d——作用组合的效应设计值;

S_{Gik}——第 i 个永久作用标准值的效应(如永久作用引起的基底压力、基底水平力、边载、垂直附加应力);

S_{Qjk}——第 j 个可变作用标准值的效应(如可变荷载引起的基底压力、基底水平力、边载、垂直附加应力);

P_t——计算地基垂直附加应力情况时的欠固结应力,其余情况取 $P_t = 0$;

φ_{qj}——可变作用的准永久值系数,可取 0.6,堆场地基沉降计算时可根据设计经验进行取值。

由上式可知,由永久作用和可变作用的标准值,无论是求基底压力(基底垂直应力)、基底水平力、边载,还是求沉降计算点下地基沿深度的垂直附加应力都得进行正常使用极限状态下作用的准永久组合。例如求基底压力,就得将永久作用标准值产生的基底压力与可变作用的准永久值(标准值乘以准永久系数)产生的基底压力相加而得到基底压力的设计值。同理可得到基底水平力设计值、边载设计值。而基底附加压力(基底垂直附加应力)的设计值为基底压力设计值减去自原地面算起的自重压力设计值(取均值)。因此基底压力或基底附加压力、基底水平力、边载、计算点下地基沿深度的垂直附加应力,他们都是作用(包括永久作用、可变作用)组合的效应设计值,所以不再给出基底压力的标准值、基底水平力标准值、边载标准值。在作用效应计算中,会出现具体荷载的标准值(如某堆货荷载的标准值等)。

7.2.2 本条所列沉降计算公式适用于静荷载情况的地基沉降计算,强夯、振冲、SCP 及塑料排水板打设等动荷载情况,由于受地质条件、施工设备、施工工艺、施工方法等的影响显著,影响因素复杂,并且尚无成熟的计算方法支持,因此,动荷载情况下地基沉降,在本条未列入。次固结沉降,根据设计需要,由设计按经验确定。

细粒土地基最终沉降量计算使用压缩曲线的理由如下:

(1)细粒土现场取原状土容易实现;

(2)细粒土原状样压缩试验是水运工程必做的试验,容易取得计算资料;

(3)利用压缩曲线采用分层总和法进行细粒土最终沉降量计算的方法在工程设计中使用广,积累了包括土层分层、土层 $e \sim p$ 曲线选用方法等多方面的丰富经验。

砂土、碎石土及复合地基的最终沉降，一般采用压缩模量进行计算。在《建筑地基基础设计规范》（GB 50007—2011）中给出了计算方法，在《建筑地基处理技术规范》（JGJ 79—2012）中给出了复合地基压缩模量的取值方法，设计人员能参考使用。条文中提出的砂土、碎石土及复合地基最终沉降量可按经验进行计算主要有两层目的，第一计算粗粒土及复合地基最终沉降量的方法很多，有时是根据设计经验按照土层厚度乘以一个百分比确定，这个规定目的在于设计者还是可以根据经验选择计算方法的，第二不同地区都有相应的地基处理或地基基础设计方面的地方标准，此规定旨在避免规定过死，引起本《规范》与其他标准的冲突。

沉降计算经验系数 m_s 值受加荷速率、加荷比、塑性开展区大小等多种因素的影响，对于细粒土地基，上述影响更为显著，不利于 m_s 取值规律统计，所以对于 m_s 取值给出了按经验选取或由现场试验确定的取值方法。

7.2.3 地基压缩层的计算深度 Z_n 选用是否合理对地基最终沉降量有一定的影响，而合理选用 Z_n 则与地基中的应力分布、土的性质以及沉降计算的精度要求有关，国内外常用应力比法作为确定 Z_n 的准则，大都系根据经验，选择地基附加应力 σ_z 与地基自重压力 σ_c 达到某一比值，如最常用的 $\sigma_z=0.2\sigma_c$ 时的深度作为 Z_n 值，此法已有较丰富的经验，故规定用来确定压缩层计算深度，但对于在计算深度下仍有软黏土的情况，在 $\sigma_z=0.2\sigma_c$ 深度下仍会产生明显的沉降，需计算至 $\sigma_z=0.1\sigma_c$ 深度处。

7.2.5 地基某一时刻的沉降 S_t 由已知的地基最终沉降量和地基不同时间的应变固结度确定。在地基压缩性小、地基最终沉降量小的情况下，可以近似认为地基土的应力～应变关系是线性关系，参照固结理论的有关公式计算 S_t；但在地基土沉降大的情况下，土层应力～应变关系并不能简化为线性关系，需要对理论计算沉降曲线进行地基土的应力～应变关系的非线性修正。在设计阶段，描述土体受力和变形关系的资料仅有压缩试验成果，所以，在该阶段，应力固结度与应变固结度的关系，一般近似按照室内压缩试验给出的土的 $e\sim p$、$e\sim \lg p$ 应力～应变关系确定。

7.2.6 应力固结度的计算适应于饱和细粒土。对于粗粒土，由于地基土渗透系数大，地基土的沉降在加载后很短时间内就会完成，故一般不进行应力固结度计算。细粒土地基一般成层分布，各土层固结系数各不相同，排水固结的各土层应力固结度适宜分层计算。

7.2.9 建筑物的沉降量限值包括沉降、差异沉降两层含义，在使用式（7.2.9）时要特别注意。对不同建筑物及使用要求，其限值要求各不相同，在现行规范中对建筑物沉降限值有规定时，要符合沉降量限值的要求，对于没有限值规定的情况，设计要确定沉降量限值，确定的限值要满足使用要求。

7.3 适应与减小地基沉降的技术措施

7.3.1 本条规范的措施都是根据工程经验确定的，采用各种地基处理方法加固地基，减少地基沉降也是工程常用的方法。

8 地 基 处 理

8.1 一 般 规 定

8.1.2 选择地基处理方法受本条所列的诸多因素影响,执行本条时注意结合当地条件进行综合比较分析,择优选用。条文中表 8.1.2 给出了 11 大类 14 种加固方法的适用条件,这是根据水运工程多年经验并参照各部门的经验编写的。其中真空预压法、振冲法、砂桩法、水泥搅拌桩法、爆炸排淤填石法以及加筋垫层法,反映了水运工程地基处理的特点。

8.1.5 由于地基的复杂性及变异性,对地质条件复杂、重要的或大型地基加固工程,为了防止加固工程的实际效果与加固设计出现较大差别,选择代表性场地进行现场试验或试验性施工,是为了检验加固设计参数和加固效果,指导设计与施工。

8.2 换 填 法

8.2.1 有排水要求时用砂的含泥量是根据工程经验及参照现行国家行业标准《普通混凝土用砂、石质量及检验方法标准》(JGJ 52—2006)和《建筑地基处理技术规范》(JGJ 79—2012)的有关规定确定的。

8.2.3 换填材料的密实度对换填效果的影响非常大,设计要提出明确的密实度要求作为施工质量验收的标准之一,这也是确定施工工艺的重要依据。

8.3 爆 破 法

8.3.1 置换淤泥质地基的厚度在 4m ~ 25m 范围内置换效果较好。

8.3.3 置换体材料选用自然级配开山石在不影响置换质量的情况下给施工带来了很大便利。

8.3.4 主要参考了《水运工程爆破技术规范》(JTS 204—2008),当置换体宽度较宽时,软弱淤泥和淤泥质土不易全部挤出,置换体两侧落底在下卧持力层上,中间包裹一定厚度的软土,呈马鞍形状。

8.3.7 落底深度是工程成败的关键,要重点进行检测。

8.3.8 本条规定是保证药包以上有一定的覆盖水,避免爆炸能量过早地散落到空气中。

8.3.9 重要设施主要包括水工建筑物、桥梁、堤防、水上水下管线和取水泵房等公共设施,为确保爆破施工时周围设施的安全,要进行爆破试验和现场监测。

8.4 加筋垫层法

本章节的制定主要是以《水运工程土工合成材料应用技术规范》(JTJ 239—2005)为

基础,参照《港口工程地基规范》(JTS147—1—2010)和其他与此有关的资料进行。考虑现行地基规范中“土坡和地基稳定”部分的计算公式与《水运工程土工合成材料应用技术规范》(JTJ 239—2005)的计算公式不匹配,所以本次制定将《水运工程土工合成材料应用技术规范》(JTJ 239—2005)中的公式进行了调整,使其与现行的地基规范相协调。

8.5 堆载预压法

8.5.1 本条依据软土加固、强度和变形理论及加固设计的一般要求编写。竖向排水体形式的选择是根据加固深度、材料供应情况、机具设备情况而定,一般选用袋装砂井或塑料排水板,由于塑料排水板排水效果好,造价比较便宜并可工厂化生产,运输、保存,施工方便,为目前一般工程所常用。

8.5.2 塑料排水板的等效孔径问题一直是工程界重点讨论的问题,对于吹填土来说,等效孔径小于0.075mm(以 O_{95}计)的塑料排水板常常会发生淤堵。这是由于吹填土的颗粒是悬浮的更容易移动,在排水板外形成泥饼。近几年的工程实践表明,采用比较大的等效孔径的塑料排水板,吹填土的加固效果更有保证,即使吹填土的细颗粒透过滤膜进入到排水板内部,也会被真空泵抽走,不会影响工程质量。目前天津地区常用的防淤堵排水板的等效孔径介于0.05mm~0.12mm之间(以 O_{95}计)。

8.5.3 在砂资源紧缺地区,为了减少砂用量,沿塑料排水板的排列方向挖沟填砂,形成砂沟,整个加固区内砂沟纵横交叉形成水平排水系统。

8.5.5 预压荷载一般等于堆场或其他建筑物的基底以上的设计荷载。这里注意的是要考虑由于预压沉降使地表低于堆场或建筑物基底面而需补充的土重,同时注意这部分填土对原地面是预压荷载,其本身也会产生沉降。

近年来不少工程是围海吹填造陆后形成的陆域,吹填部分土层对原土层作为荷载,使原土层产生沉降,吹填土本身在加固过程中也会产生较大沉降。要注意这两部分沉降一般会造成加固后地表低于堆场或建筑物基底标高,因此还得再回填一部分土提高地面标高,这部分回填土对原土层及吹填土仍要产生沉降,而回填土本身也会产生一定的沉降。因此在堆载预压设计中,沉降计算要综合考虑各种荷载因素。条文中所述的预压荷载系指当上部所施加的全部荷载作用后,在规定时间内满足残余沉降要求时,设计高程面以上所施加的荷载值。

8.5.8 竖向排水体长度与地基处理中的压缩层深度、土层分布有关。软土较厚时根据地基沉降和稳定的要求决定。软土中若有砂夹层或砂透镜体要尽量利用的规定是因为它们可作为水平排水层,加速固结,可以减小竖向排水体的长度和数量。

在预压荷载确定后,根据上述原则,假定不同的竖向排水体间距和长度,进行地基固结度、沉降、土体强度增长等计算,看其是否在预定期限内满足加固要求,选择其中最优者。

8.5.12 堆载预压施工时地基的稳定非常重要,通过对地基水平位移和垂直位移的监测可以预测地基的变形发展趋势,是确保地基稳定的重要手段。

8.6 真空预压法

8.6.4 大量的工程经验表明,在距真空预压边界15m范围内会有较为明显的沉降,20m以外沉降和侧向位移会较小。

8.6.5 真空预压需要达到的应变固结度是根据建筑物对地基允许沉降和差异沉降的使用要求而定的。

8.6.8 对于淤泥、淤泥质土或黏土地基,按照目前的施工工艺,膜下真空荷载能达到85kPa以上,当加固区周边条件复杂需要采取黏土密封墙等措施时,膜下真空荷载一般也能达到80kPa。稳定控制要求参考了现行行业标准《建筑地基处理技术规范》(JGJ 79—2012)有关规定。由于预压初期,地基在真空预压荷载下的沉降量较大,而该部分沉降量不会对地基失稳造成影响,因此稳定控制以侧向位移速率控制为主。

8.6.9 中砂或粗砂中的含泥量是指公称粒径不大于0.08mm的颗粒质量占砂料总质量的百分比。

现行行业标准《建筑地基处理技术规范》(JGJ 79—2012)中规定水平排水砂垫层的厚度不应小于500mm,现行的中国土工合成材料工程协会主编的《塑料排水带地基设计规程》(CTAG 02—97)中规定水平排水砂垫层的厚度应大于400mm。天津港地区真空预压及真空联合堆载预压工程中水平排水砂垫层的厚度多采用400mm,均取得了满意的加固效果。

针对砂资源的紧张情况,调查结果显示,有采用排水盲沟代替砂垫层作为水平排水通道的工程实例,也取得了较理想的加固效果。

理论上讲,加固时间同排水距离的平方成反比,塑料排水板间距越小,真空预压加固时间越短。经验表明,由于地基的扰动和涂抹等因素的影响,当塑料排水板间距小于0.7m时,对地基的扰动很大,塑料排水板打设费用增加较多,而加固时间的减少并不明显;当塑料排水板间距大于1.3m时,塑料排水板打设费用减少,而加固时间的增长明显,造成施工的总体费用增加,因此真空预压常用的塑料排水板间距为0.7m~1.3m。

8.6.10 工程实践证明,当黏土密封墙的黏粒含量大于15%时,渗透系数小于1×10^{-5}cm/s,可以起到密封的作用。

8.6.11 目前抽真空设备种类较多,尽管有些功率小的抽真空设备在进气孔封闭时也可以形成不小于96kPa的真空压力,但是在有水气补充的情况下,抽真空效果不理想,规范推荐采用功率不低于7.5kW的抽真空设备。

8.6.12 每台抽真空设备控制面积是以功率不低于7.5kW考虑的,根据工程经验,抽真空设备的功率低于7.5kW时,加固效果不易保证。多项工程实际运行结果表明,施工后期抽真空设备开启数量在80%以上时,施工质量较好。

8.6.15 多项工程经验表明,对新吹填超软土层,采用二次处理方法可以取的较好的加固效果。

8.6.16 目前在天津地区已经有相关的现场试验和相应的工程实例,证明利用表层0.5m~0.8m厚的软土作为密封层是可行的。

8.7 强夯法和强夯置换法

8.7.2 由于基础的应力扩散作用,强夯处理范围要大于建筑物基础范围,具体放大范围要根据建筑物结构类型和重要性等因素考虑确定。

8.7.3 强夯有效加固深度是强夯设计中的重要设计内容。确定强夯地基的实际有效加固深度,常规做法是根据加固前、后原位试验成果的对比确定,因此有必要在夯前勘察中安排一些适合夯后检验的原位检测项目。

8.7.4 强夯法的有效加固深度既是反映处理效果的重要参数,又是选择地基处理方案的重要依据。考虑到设计人员选择地基处理方法的需要,有必要提出有效加固深度的预估方法。估算强夯有效加固深度经验公式中的经验系数 α 受到加固地基地质条件、锤重、夯锤底面尺寸等因素的影响,影响因素复杂,所以在强夯设计中需要安排强夯试验区,根据强夯试验区监测、检测结果调整原设计强夯参数,确定大面积施工强夯参数。

通过试夯确定的参数主要如下:

(1)确定地基有效加固深度,确定处理后地基土的强度、承载力和变形指标;

(2)确定合适的夯击能、夯锤尺寸和落距等参数;

(3)校核强夯后场地的平均沉降量或抬升量;

(4)确定夯点间距、夯击次数、夯击遍数、最后两击夯沉量平均值和间隔时间等设计参数;

(5)确定强夯施工停夯标准等施工质量控制标准;

(6)了解强夯施工振动、侧向挤出等对周围环境和工程的影响,确定与周边工程的安全施工最小距离。

8.7.5 细粒土表层强夯机械行走比较困难,且强夯时表层密实度较低,设置碎石垫层可以有效解决这两方面问题。

8.7.6 夯点间距的确定,一般根据土的性质和要求处理的深度而定。对于细颗粒土,为了便于孔隙水压力的消散,夯点间距不能过小。当要求处理的深度较大时,第一遍夯点间距更不能过小,以免夯击时在浅层形成密实层而影响夯击能往深层传递。

8.7.7 夯击遍数要根据土质的松软程度而定,一般为 2 ~ 3 遍;土质较软的可以增加夯击遍数,如 4 ~ 5 遍,且增大每遍的夯点间距。

8.7.8 两遍之间的间歇时间,对砂土在大面积施工中可以连续作业;对含水率较大的黏性土(天然地基或人工填土)规定间歇时间为 3 ~ 4 周是因为孔隙水压力可以在此期间消散 80% 以上。

8.7.9 最佳夯击次数(或最佳夯击能)通过孔隙水压力的观测或每次夯击的贯入度(即夯沉量)控制。因为强夯的一部分能量用于夯实土体,使其产生垂直变形,另一部分则使土体产生横向压缩和挤出,当贯入度小到趋于某个稳定值时,夯实体积也趋于一个稳定值(图 8.1),说明这时大部分能量不能起压实土体的作用,此时对应的夯

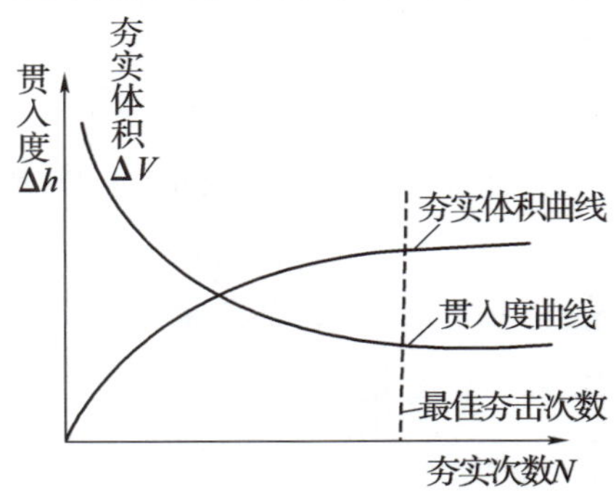

图 8.1 最佳夯击次数的确定

击次数为最佳夯击次数。

8.7.16 强夯施工时的振动对周围的建筑物有一定的影响,因此当附近有建筑物时要采取相应的防振或隔振措施,确保建筑物安全。

8.8 降水强夯法

8.8.2 由于基础的应力扩散作用,降水强夯处理范围要大于建筑物基础范围,具体放大范围要根据建筑物结构类型和重要性等因素考虑确定。

8.8.5～8.8.6 外围封闭降水管起着隔断施工区外部水源、控制水位回升的作用,所以间距较密、埋置深度较深。

8.8.7 根据目前统计工程的实际经验编写。

8.8.8 外围封闭降水管在强夯施工期间连续进行降水,并不影响强夯施工,又能有效控制施工区水位,对施工极为有利。

8.8.10～8.8.11 降水强夯法的施工参数需根据土质条件尤其是渗透系数予以确定,渗透系数较大的砂性土,夯点间距要取较大值、强夯间歇时间要取较小值,对于土性较差、渗透性较小的粉土、粉质黏土,夯点间距要取较小值,而强夯间歇时间要取大值。

8.9 振冲挤密法和振冲置换法

8.9.1 根据土的工程性质及工程经验编写。对于粉细砂地基及砂基,加固主要是为了增加密实度、提高承载力,达到抗液化的目的。为了达到加固效果,对粉细砂地基只有加填料,才能增加密实度,达到挤密与振密的效果。对于黏粒(粒径小于0.005mm)含量小于10%的中砂、粗砂地基,当振冲器下沉至设计标高处,在上提时,由于孔壁极易坍落会自行填满下方的孔洞,因此可以不加填料。

对有抗震要求的松砂地基,要根据颗粒组成、起始密度、地下水位、建筑物设防烈度,计算振冲处理深度,并决定布点形式、间距和挤密标准。其中处理深度往往是决定处理工作量、进度和加固费用的关键因素,要根据有关的抗震规范综合论证。处理范围为:基础平面外轮廓线四边各加宽至少5m,这相当于2～3倍振冲点间距,目的在于保护基础下的砂层和基础边缘应力扩散至基础之外时,地基仍处于加固状态。

对大面积挤密处理,用三角形比正方形布置可以得到更好的挤密效果。振冲点间距视砂土的颗粒组成、密实度要求、振冲器功率等因素而定。砂的粒径越细,密实度要求越高,则间距越小。从少量的大面积处理资料来看,大功率振冲器的挤密影响范围大,单孔控制面积较大,因而具有更高的经济效益。

填料的作用一方面是填充振冲器上提后在砂层中可能留下的孔洞;另一方面是利用填料作为传力介质,在振冲器的水平振动下通过连续加填料,将砂层进一步挤压加密。一般情况,填料粒径越粗,挤密效果越好。

8.9.2 水运工程建筑许多是建在岸边处,对于振冲法加固的土坡,需进行整体稳定计算,本条文给出的复合地基抗剪强度计算式是一般国内外常用的计算式,直接给出复合地基的c、φ值,计算方便。

对于复合地基应力分担比 n 的确定，主要考虑港口工程遇到的软土强度低、土坡稳定安全系数（即抗力分项系数）比一般建筑工程偏小等因素确定。现行行业标准《建筑地基处理技术规范》（JGJ 79—2012）规定 n 值取 2 ~ 4。本规范制定过程中收集的国内外资料，n 值平均值为 2 ~ 2.8。在计算地基承载力时，取 2 ~ 3，基本与平均值变化范围相当。计算土坡稳定时，由于复合地基机理研究尚不够成熟，为安全起见 n 值取 1 ~ 2。

8.10 砂桩法和挤密砂桩法

8.10.2 本条和《建筑地基处理技术规范》（JGJ 79—2012）7.2.2 条第 1 款一致。

8.10.3 砂桩直径的大小取决于施工设备的大小、地基土条件和施工环境。目前常用的砂桩直径一般为 300mm ~ 1000mm。对软黏土采用大直径桩管，在相同置换率的情况下可以减少桩数，减小对原地基土的扰动。对水上施工的情形，采用大直径砂桩有利于提高施工效率。对水运工程中的挤密砂桩，主要靠置换改善地基，直径大有利于增加砂桩密实度和提高施工效率，目前的施工水平已可以施工直径达 2000mm 的砂桩。

8.10.4 水运工程中的砂桩一般用于处理大面积地基，采用等边三角形或正方形均匀布置有利于使地基挤密较为均匀，对黏性土地基，砂桩均匀布置有利于桩间土的排水固结。有时因设备原因采用上述布置方式较困难时，需要通过计算调整为矩形或等腰三角形布置。

8.10.5 松散粉土和砂土地基的桩距确定和《建筑地基处理技术规范》（JGJ 79—2012）第 7.2.2 条一致。黏性土地基的桩距公式根据相应布置方式的几何关系推算得到。

8.10.6 砂桩的长度通常根据地基的稳定和变形验算确定。为保证稳定，桩长要确保达到最危险滑动面以下，由于水运工程施工条件较差，桩下端质量不易保证，为确保安全，要求砂桩底端超过最危险滑动面以下 3m。当软土层厚度不大时，桩长要穿过整个松软土层。

8.10.7 为提高密实度和排水效果，桩体材料最好用级配较好的中砂、粗砂，且含泥量不能超过 5%。对于挤密砂桩，主要通过置换改善地基，故细砂也可以采用。

8.10.8 填料量和地质条件及施工条件等有关。土质和施工条件较差时充盈系数较大，根据洋山深水港区等工程的经验，充盈系数为 1.2 ~ 1.5。

8.10.9 砂垫层的作用是保证砂桩的排水效果，材料和厚度根据施工条件确定，一般陆上 300mm ~ 500mm、水上 1000mm ~ 2000mm 能保证排水质量。

8.10.10 砂桩复合地基的承载力通过载荷试验确定比较可靠。当不具备试验条件，按照复合地基承载力公式计算时，须注意桩间土的性质在施工过程中的可能变化。如对普通砂桩，施工对桩间土的扰动；对大置换率的挤密砂桩，施工过程中对土的挤密作用等。为保证计算精度，要在砂桩施工完成后对砂桩和桩间土检测，以取得能反映实际情况的参数。

8.10.11 置换率 $m \geq 0.5$ 的挤密砂桩复合地基的沉降计算公式来自日本《嵌入式钢板圆筒施工法》。

8.10.12 复合地基强度指标计算需结合具体情况分析。在初级加载时，要考虑砂桩施工对桩间土扰动而引起的强度降低。有研究资料表明,桩土应力比是一个变量,和时间、深度有关,且离散型较大。附加应力越小,桩土应力比越小,置换率越大,桩土应力比越小。

8.10.13 工程实践表明,在附加应力作用下,砂桩复合地基的桩间土因固结而产生强度增长。

8.10.14 砂桩是散体材料桩,当基底压力较大时,复合地基的变形也较大。若建筑物对沉降要求较高,需要采取堆载预压或其他工程措施消除部分沉降,使工后沉降满足要求。

8.10.15 目前随着施工设备的购置和研发,水下挤密砂桩应用工程逐渐增多,目前交通运输部正在编制《水下挤密砂桩施工质量检测标准》等相关的标准。

8.11 碎石桩法

8.11.1 碎石桩处理地基要超出基础一定宽度,这是基于基础的压力向基础外扩散的原因。另外,考虑到外围的2~3排桩挤密效果较差,提出加宽2~3排桩,原地基越松则加宽越多。重要的建筑以及要求荷载较大的情况要加宽多些。对于液化地基,基础外需要处理的宽度目前尚无统一的标准,美国经验取等于处理的深度,但根据日本和我国有关单位的模型试验得到结果为需要处理深度的2/3,另由于基础压力的影响,使地基土的有效压力增加,抗液化能力增大,故这一宽度可以适当降低。

8.11.5 对可液化的土层,一般桩长要穿透液化层,如可液化层过深,需要按《建筑抗震设计规范》(GB 50011—2010)(2016版)的有关规定确定。

8.11.8 碎石桩桩孔内的填料量要通过现场试验确定。考虑到挤密碎石桩沿深度不会完全均匀,同时实践证明碎石桩施工挤密程度较高时地面要隆起,另外施工中还会有所损失等,因而实际设计灌碎石量要比计算碎石量增加一些。根据地层及施工条件的不同增加量约为计算量的20%~50%。

8.12 水泥搅拌桩法

8.12.1 一般认为用水泥作为固化剂,对有机质含量高的软土、pH较低的偏酸性软土效果比较差。当地下水有侵蚀性时,易导致拌和体出现分裂、崩解而丧失强度。

8.12.2 从承载力角度考虑,提高置换率比增加桩长效果更好;对于变形来说,增加桩长,对减小工后沉降是有利的。对于某一地区的水泥搅拌桩,其桩身强度是有一定限制的,单桩承载力在一定程度上并不随桩长的增加而增大。但当软土层较厚时,桩长要穿透软土层达到强度较高的下卧土层,尽量避免在深厚软土层中采用"悬浮"桩型。

8.12.5 对于块式加固体,由于水泥土的强度要求不高,可以选用7%~12%的水泥掺量,当水泥掺入比大于10%时,水泥土强度能达0.3MPa~2.0MPa,一般水泥掺入比可以选择12%~20%。

水泥标号直接影响水泥土强度,水泥强度等级提高10级,水泥土强度f_{cu}约增大20%~30%。如果要达到相同的强度,水泥强度等级提高10级可以降低水泥掺入比2%~3%。

外掺剂对水泥土强度有着不同的影响。木质素磺酸钙对水泥土强度的增长影响不大，主要起减水作用；三乙醇胺、氯化钙、碳酸钠、水玻璃和石膏等材料对水泥土强度有增强作用，其效果对不同土质和不同水泥掺入比有所不同。当掺入与水泥等量的粉煤灰后，水泥土强度可以提高10%左右，故在加固时掺入粉煤灰不仅能消耗工业废料，水泥土强度还有所提高。

8.12.6 由于陆上和水下的施工设备能力不同，其形成的搅拌桩直径和强度有很大的区别，所以需要进行专门区分。

水泥土的强度随龄期的增长而增大，在龄期超过28d后，强度仍有明显增长，为了降低造价，对承重搅拌桩试块国内外都取90d龄期为标准龄期。对起支挡作用承受水平荷载的搅拌桩，为了缩短养护期，水泥土强度标准取28d龄期为标准龄期。从抗压强度试验得知，在其他条件相同时，不同龄期的水泥土抗压强度间关系大致呈线性关系，其经验关系式如下：

$$f_{cu7} = (0.47 \sim 0.63) f_{cu28}$$
$$f_{cu14} = (0.62 \sim 0.80) f_{cu28}$$
$$f_{cu60} = (1.15 \sim 1.46) f_{cu28}$$
$$f_{cu90} = (1.43 \sim 1.80) f_{cu28}$$
$$f_{cu90} = (2.37 \sim 3.73) f_{cu7}$$
$$f_{cu90} = (1.73 \sim 2.82) f_{cu14}$$

上式f_{cu7}、f_{cu14}、f_{cu28}、f_{cu60}、f_{cu90}分别为7d、14d、28d、60d、90d龄期的水泥土抗压强度。当龄期超过三个月后，水泥土强度增长缓慢。180d的水泥土强度为90d的1.25倍，而180d后水泥土强度增长仍未终止。

公式（8.12.6-1）中桩周土的侧阻力特征值是根据现场载荷试验结果和已有工程经验总结确定的，对软塑状态的黏性土q_s为10kPa～15kPa；但一般对可塑状态的黏性土q_s可以提高至12kPa～18kPa。

公式（8.12.6-1）中桩端地基承载力折减系数取值与施工时桩端施工质量及桩端土质等条件有关。当桩端为较硬土层时取高值。如果桩底施工质量不好，水泥土桩没能真正支承在硬土层上，桩端地基承载力不能充分发挥，这时取$\alpha = 0.4$。反之，当桩底质量可靠时取$\alpha = 0.6$，通常取$\alpha = 0.5$。

公式（8.12.6-2）中的加固土强度折减数η是一个与工程经验以及拟建工程的性质密切相关的参数，目前在设计中一般取$\eta = 0.25 \sim 0.33$。

桩间土承载力折减系数β是反应桩土共同作用的一个参数，桩身强度、建筑物对沉降的要求、在基础和桩身之间是否设置褥垫层对β系数也有影响。例如桩端是硬土，但桩身强度较低，桩体压缩变形大，这时桩间土承受较大荷载，β可能大于0.5。在基础和桩身之间设置褥垫层时，β可以取高值。当建筑物沉降要求较高时，即使桩端是软土，β也要取小值。

当桩间距较小时，由于应力重叠，会产生群桩效应，因此在设计中，当搅拌桩置换率较大（$m > 20\%$）且非单行排列时，要将搅拌桩与桩间土视为一个假想的块状或格栅状，验算下卧层的地基强度。

在刚性基础和搅拌桩之间设置一定厚度的褥垫层后,可以保证基础始终通过褥垫层把一部分荷载传到桩间土上,调整桩和土荷载的分担作用。特别是当桩身强度较大时,在基础下设置褥垫层可以减小桩土应力比,充分发挥桩间土的作用,即可以增大β值。减少基础底面的应力集中。

室内模型试验和搅拌桩的加固机理分析表明,其桩身轴向应力自上而下逐渐减小,其最大轴力位于桩顶3倍桩径范围内。因此设计可以考虑变掺量的施工工艺。工程实践证明,这种变强度的设计方法也能获得较好的技术经济效果。

8.12.7 基床的作用是扩散应力,保证上部结构与拌和体均匀接触,厚度不能小于0.5m。为防止损坏拌和体,夯击能不能过大,$100kJ/m^3$系天津港东突堤北侧码头工程的经验值。

拌和体近似于素混凝土,其结构分段不能过长。根据实际工程经验,一般为8m左右。拌和体的深度要随实际的土层逐渐变化,在厚度变化较大时,要设结构缝。

日本的"CDM手册"中考虑多种因素对拌和体强度的影响,对设计标准强度乘以折减系数后,再除以安全系数得到允许抗压强度,见下式:

$$\sigma_{ca} = \alpha\beta\lambda\gamma\frac{q_u f}{F_s} = \frac{1}{k}q_u f \qquad (8.1)$$

式中 σ_{ca}——拌和体允许抗压强度;

α——断面有效系数;

β——搭接可靠性系数,取0.8~0.9;

λ——现场加固体的平均强度与室内加固土的平均强度之比;

γ——现场土的不均匀系数,约为2/3;

q_u——现场拌和土无侧限抗压强度;

F_s——安全系数,正常时$F_s=3$,地震时$F_s=2$;

k——综合安全系数。

α为断面有效系数,设计中使用加固断面作为有效断面求得应力,因而要以实际有效断面对拌和体抗压强度标准值进行修正;β为搭接可靠性系数,搭接面的强度与加固土体强度之比为β。$\alpha\cdot\beta$根据我国几个工程的经验取0.9。λ为现场加固体的平均强度与室内加固土的平均强度之比,海上工程采用大型机械加固时多采用1。γ为现场强度系数,即为设计标准强度与现场加固土强度之比,海上工程多为2/3。综上所述,$\alpha\cdot\beta\cdot\lambda\cdot\gamma\approx0.6$。因此公式8.12.7-1中$k$取0.6。这是参考日本CDM研究会编写的《水泥系深层拌和法(CDM工法)设计和施工手册》(以下简称"CDM手册")中α、β、λ、γ4个系数组合得出。由于时间和工程实例数量的限制,所采用的数值未经可靠度分析。

目前国内尚无典型的壁式拌和体的工程实例。根据日本"CDM手册"所列的资料,在实际工程中,短壁的深度D_s的最小值为3m。

由于搅拌机具搅拌头的直径不同,拌和桩搭接的宽度不同,因此,在形成设计尺寸的拌和体时,不同机具所实际完成的拌和体数量是不同的。为统一计算并保证设计尺寸施工,本规范规定拌和体的计算长度与计算宽度以拌和桩的搭接交点连线计算。考虑到施工单位为完成设计的拌和体尺寸,其实际完成的拌和体数量大于上述的计算数量,故在计算工程数量和造价时将计算数量乘以适当的扩大系数,该系数约为1.10。

目前,国内采用水下深层水泥搅拌法加固软土地基建造重力式码头的工程只有天津港东突堤北侧码头工程和烟台西港池二期等两个工程实例。在这两项工程中,烟台港为6度地震烈度区,不考虑地震的影响,未做地震情况下的稳定计算;仅天津港东突堤北侧码头按7度地震烈度进行了计算,且是按照《日本港口设施技术标准》进行地震情况下的稳定计算。所以现在还没有采用我国现行规范进行抗震设计的实例。考虑到要将深层水泥拌和体的设计纳入现行的规范体系,且从结构形式的分类上,深层水泥拌和体仍属于重力式的范围,因此,在本规范中采用现行的《水运工程抗震设计规范》(JTS 146—2012)中的方法计算地震时的稳定。

8.13 高压喷射注浆法

本节的制定主要以《建筑地基处理技术规范》(JGJ 79—2012)为基础,参照其他行业标准编制。

8.14 岩石地基及边坡

8.14.7 边坡浅表层加固是指对浅表层不稳定块体的加固。表层加固作用一般不参与边坡整体稳定性加固的计算。

8.14.8 边坡坡面保护是指防止表层岩土风化剥落、雨水冲刷的措施。

三维植被网以热塑树脂为原料,采用科学配方,经挤出、拉伸、焊接、收缩等工序制成。其结构分为上下两层,下层为一个双面拉伸的高模量基础层,强度足以防止植被网变形,上层由具有一定弹性的、规则的、凹凸不平的网包组成。由于网包的作用,能降低雨滴的冲蚀能量,并通过网包阻挡坡面雨水,同时网包能很好地固定充填物(土、营养土、草籽)使其不被雨水冲走,为植被生长创造良好条件。另外,三维网固定在坡面上,直接对坡面起固筋作用。当植被生长茂盛后,根系与三维网盘错、连接、纠缠在一起,坡面和土相接,形成一个坚固的绿色复合防护整体,起到复合护坡的作用。

湿法喷播是将客土(提供植物的生育的基盘材料)、纤维(基盘辅助材料)、侵蚀防止剂、缓效肥料和种子按一定比例,加入专用设备中充分混合后,喷射到坡面,使植物获得必要的生长基础,达到快速绿化的目的。

锚杆混凝土格构植草防护形式有多种组合:锚杆混凝土格构+喷播植草、锚杆混凝土格构+挂三维土工网+喷播植草、锚杆混凝土格构+土工格室+喷播植草、锚杆混凝土格构+混凝土空心块+喷播植草等。

8.15 其他方法

地基处理方法还包括打入桩法、树根桩法、灌注桩法、箱筒形基础处理方法等其他处理方法,另外还有些多种地基处理方法的组合方法,如真空联合电渗法、真空联合强夯法、真空联合碎石桩法、堆载联合强夯法、降水联合堆载法等,本规范不再一一介绍。

9 监测和检测

9.2 监　测

9.2.2 表9.2.2是在《港口工程地基规范》(JTJ 250—98)表8.0.2的基础上加以调整，并增加了船闸、整治建筑物地基的监测项目。

9.2.4 根据实际工程的监测经验编写。对于狭长地段，距离较大时监测断面间距取大值。

9.2.5 当采用爆炸法、强夯法、砂桩法、水泥搅拌桩法、高压喷射注浆法处理软弱地基时，需要对周边岸坡进行监控，其原因有二，一是地基土体因施工扰动而强度下降可能造成岸坡失稳，二是振动诱使极限状态的岸坡失稳。

9.3 检　测

9.3.3 为便于对比地基处理的加固效果，加固前后需要对地基都进行相应的检测。检测项目一般前后对应一致，但加固前常常不做载荷试验。

9.3.4 根据实际工程的监测经验编写。对于狭长地段，距离较大时检测断面间距取大值。

附录 A　岩土基本变量的概率分布及统计参数的近似确定方法

A.1　一般规定

岩土基本变量的概率分布及统计参数的确定，对岩土工程设计、施工、检验起着至关重要作用，也是贯彻《港口工程结构可靠度设计统一标准》(GB 50158—2010)的重要体现。自20世纪80年代后期以来，港口工程地基规范结合规范修订就进行了地基可靠度研究，尤其对岩土基本变量参数的统计方法进行了深入研究，提出了抗剪强度指标统计的简化相关法和正交变换法，由于土的复杂性，把土性指标作为随机变量研究与土的空间变异性质并不吻合，为了解决这一难题，本次修订规范又继续进行了“随机场理论在土指标统计中的探索与研究”专项课题研究，该研究主要针对一维随机场(即一维随机过程)。

目前利用随机场理论确定岩土基本变量的统计参数尚不普遍，一般工程难以满足按随机理论的钻探及现场测试取样要求，同时采用随机场理论仍然要和实践经验相结合，因此目前对于一般工程仍然把岩土指标作为随机变量，求得其统计参数，这同原规范的有关规定是一致的。只有当需要进行可靠指标计算时，才应用随机场理论，把岩土基本变量作为随机过程，统计参数并确定其空间变异性。

A.2　岩土基本变量统计参数的确定方法

A.2.1～A.2.2　本小节给出的岩土基本变量统计参数的确定方法同《港口工程地基规范》(JTS 147—1—2010)的相关规定。

A.3　可靠指标计算时基本变量统计参数的确定方法

A.3.2　相关距离的定义见A3.3.5条文说明相关部分。

A.3.3.1～A.3.3.2　欲求均值标准差，要求取样间距相当密，取样间距要能反映随机场(目前仅考虑一维随机过程)特征参数要求，这就要求取样间距小于或等于基本变量的相关距离，满足这一要求的勘察项目有静力触探、连续标准贯入或连续取土等。对于需要计算可靠指标的工程，用这种方法求出的土性指标变异性比用点方差求出的更为合理。可以使工程设计更为可靠。

土性指标的变异性要为空间变异性，土性指标基本变量不是随机变量，而是随机场(随机过程)。目前研究随深度变化的一维随机过程，并认为是一维平稳随机过程。研究平稳随机过程的一个样本，就可以得到该随机场过程的特征参数。从以前的点方差到本次修订规范的空间均值方差是一个进步，在理论上是科学、合理的。因土参数的变异性更符合这一规律,也与国际上的研究相吻合。因此提出这一方法以改变对土体的随机特征的认识,这是必要的。

按随机场理论要求进行勘察,要花费一定代价去勘察、钻探取土(包括连续取土室内试验)、做现场强度试验(如静力触探、连续标准贯入、连续贯入十字板)以满足随机场取样要求,取得合格的子样,得到比较符合实际的土参数变异性和可靠度,得到合理的设计,并可合理的利用工程费用和节省投资。

A.3.3.4 岩土工程实为空间问题,对于条形基础可简化为平面问题,其变异性受土层沉积形成过程影响,竖向变异性较大,所以本规范主要研究竖向一维随机过程为主,但是土工大量问题是平面问题,考虑平面问题的变异性,其方差要比单向(竖向)的变异性大。因此考虑二维空间的标准差,要乘以大于1.0的空间均值修正系数,此系数要通过满足二维随机场要求的样本进行二维随机场计算得到。

A.3.3.5 在应用随机场理论进行土性指标的统计时,需要用到三个描述土性剖面随机场模型的重要特征参数:相关函数、相关距离及方差折减函数。下面对这三个特征参数分别加以说明。

(1)相关函数

土的相关性和变异性是土本身所具有的基本特性。通过对天津港试验场区现场勘察数据进行的大量计算分析和数值模拟,证明其典型土层垂直方向土性剖面随机场的相关函数为指数余弦型,即$\rho(\Delta z)=e^{-b|\Delta z|}\cdot\cos(\omega\Delta z)$。

相关函数型式的确定,为进行相关距离的计算及方差的折减奠定了基础。

(2)相关距离

土层相关距离的定义,可以解释为这样一种距离,按照Vanmarcke(1977年提出)的观点在该范围内土性指标基本上是相关的;反之,在该范围之外,土性指标基本上不相关。当采用随机场理论进行土性指标统计时,关键是要正确地求出相关距离,以便计算方差折减系数。

从广义的范围说,相关距离是反映相关性质的特征尺度。它是求解方差折减函数需要已知的参数。

常用递推空间法或相关函数法计算相关距离。通过对这两种方法的理论基础和计算模式的比较和研究,证明当样本容量足够大时,两种方法的计算结果可以得到统一;由于用相关函数法求解相关距离时得到的相关函数$\rho(\Delta z)=e^{-b|\Delta z|}\cdot\cos(\omega\Delta z)$中的参数$b$和$\omega$可以用于方差折减函数的计算,因此条文中推荐用相关函数法计算相关距离。

(3)方差折减函数

方差折减函数$\Gamma^2(h)$反映了“空间平均特性”的方差相对于“点特性”的方差的衰减,只要确定出方差折减函数$\Gamma^2(h)$,就可以利用公式$Var[Y_h(z)]=\sigma^2\Gamma^2(h)$,由统计所得的“点特性”的方差求出“空间平均特性”的方差。下面说明方差折减函数与相关函数间的关系。

根据随机场理论,当土性剖面符合一维实的齐次正态随机场的要求,即可以看作高斯平稳齐次随机场,考虑一维齐次随机场在局部空间$[z,z+h]$上的随机积分

$Y_h(z) = \frac{1}{h}\int_z^{z+h} Y(z)\,dz$，该随机积分的的方差见下式：

$$Var[Y_h(z)] = \sigma^2 \left[\frac{2}{h}\int_0^h \left(1-\frac{\tau}{h}\right)\rho(\tau)\,d\tau\right] \tag{A.1}$$

令

$$\Gamma^2(h) = \frac{Var[Y_h(z)]}{\sigma^2} = \frac{2}{h}\int_0^h \left(1-\frac{\tau}{h}\right)\rho(\tau)\,d\tau$$

$\Gamma^2(h)$即为方差折减函数。上式反映了方差折减函数与相关函数之间存在的关系。指数余弦型的相关函数对应的方差折减函数见下式：

$$\Gamma^2(h) = \frac{2}{h^2(b^2+\omega^2)^2}\{bh(b^2+\omega^2)+(\omega^2-b^2)-e^{-bh}$$
$$[2\omega b\sin(\omega h)+(\omega^2-b^2)\cos(\omega h)]\} \tag{A.2}$$

Vanmarcke 建议，无论引用的相关函数是何种形式，方差折减函数可以近似采用下式表示：

$$\Gamma^2(h) = \begin{cases} 1 & (h \leqslant \delta_u) \\ \dfrac{\delta_u}{h} & (h \geqslant \delta_u) \end{cases} \tag{A.3}$$

从上式中可见，方差折减程度与用以平均的空间范围 h 及相关距离 δ_u 有关。若相关距离一定，h 越大，折减的越多。根据经验，对多数土层，垂直相关距离 δ_u 值大多在 0.3m ~1.5m 之间。国外有人专门研究得出 0.5m ~ 1.75m。高大钊等曾对上海地区典型土层的相关距离进行计算，统计结果表明相关距离在 0.19m ~ 1.93m 之间。本专题研究统计计算的天津港地区典型土层的相关距离值在 0.1m ~ 1m 之间。若某土层垂直相关距离很小，而土力学计算中的有效影响深度较大(如桩基础有时达二十余米)，根据式(A.3.3-2)计算所得的方差折减函数会很小，方差折减过多，造成计算所得的可靠度指标偏大，在实际工程中是偏于危险的。

因此，h 值不能简单认为就是有效影响深度 L，而是应该从土性指标的自相关性及方差折减函数的定义出发，确定其合理的取值。

根据相关距离的定义，对充分大的 h，$h\Gamma^2(h) \approx \delta_u$。此时，$\Gamma^2(h) \approx \delta_u/h$，相当于把标准相关函数 $\rho(\Delta z)$ 近似地看成为 0。那么，h 多大才是充分大呢？换言之，h 多大才能使以上两式成立呢？于是，可以考虑取一下限值 L^*，当 $h \geqslant L^*$ 时，以上两式成立，且标准相关函数 $\rho(\Delta z)$ 可以近似地看成为 0。因此，此下限值 L^* 可以作为齐次随机场的另一种特征尺度，即完全不相关范围，大于该范围可以视为完全不相关。而完全不相关距离 h^* 可以取为完全不相关范围的二分之一。这两个概念可以这样理解：如某一随机过程完全不相关距离为 h^*，如图 A.1 中所示参数轴上，A 与 B、A 与 C 之间的距离均为 h^*，则 A 与 B，A 与 C 可以视为相关，而 D、E 都超出了完全不相关距离 h^* 之外，这两点可以视为与 A 完全不相关。那么，B 与 C 之间是什么关系呢？显然这个范围 $2h^*$ 即为完全不相关范围。

因此，完全不相关距离要从两点之间相关程度去理解，是一个距离概念，超出此距离可以认为两点完全不相关;而完全不相关范围是要从含有一个代表性独立测点的最大区间去理解,是一个范围概念。

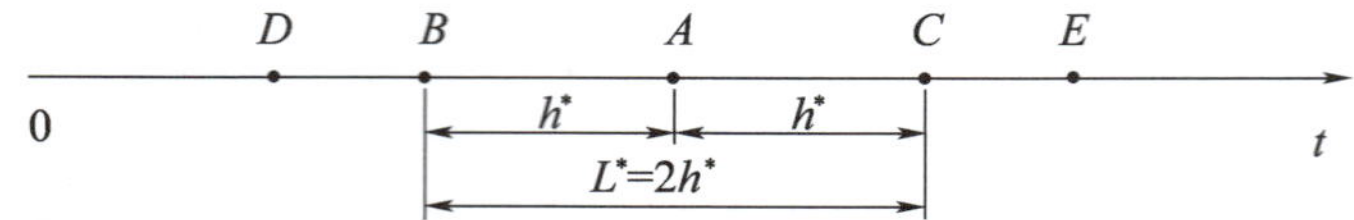

图 A.1 完全不相关范围与完全不相关距离

将完全不相关距离作为空间平均的长度,应该是合适的。它表示把土性在保持相关的距离内加以平均,得到若干局部空间均值,然后即可计算局部空间平均的均值和方差。

确定完全不相关距离,首先要确定完全不相关范围。完全不相关范围 L^* 的确定可以用作图法。首先确定相关函数型式及待定参数,求出相关距离 δ_u,然后分别根据式(A.3.3-1)和式(A.3.3-2)绘制 $\Gamma^2(h)\sim h/\delta_u$ 曲线,找到两曲线的交点,其横坐标记为 n^*,则 $L^*=n^*\delta_u$。

由以上分析,根据相关距离、完全不相关距离、土力学计算中的有效影响深度 L 的关系可以得到方差折减函数的确定原则,如表 A.1 所示。

表 A.1 方差折减函数的确定原则

相关函数	方差折减函数 $\Gamma^2(h)$		
	$L\leqslant\delta_u$	$\delta_u\leqslant L\leqslant h^*$	$L\geqslant h^*$
$\rho(\tau)=e^{-b\|\tau\|}\cdot\cos(\omega\tau)$	1	$\frac{2}{h^2(b^2+\omega^2)^2}\{bh(b^2+\omega^2)+(\omega^2-b^2)-e^{-bh}[2\omega b\sin(\omega h)+(\omega^2-b^2)\cos(\omega h)]\}$ (其中,$h=L$)	同左式,其中,$h=h^*$

方差折减函数确定后,即可对统计得到的土性指标的点方差进行折减,得到空间均值方差。

A.3.4 由随机场的基本理论可知,随机场的局部平均的均值和原来的随机场的均值相同。因此,抗剪强度指标的均值仍按原方法进行统计。

对抗剪强度指标的方差统计,原规范中的简化相关法和正交变换法只考虑了抗剪强度指标的互相关性,并未考虑抗剪强度指标的自相关性。但是根据土力学关于地基承载力等课题的基本假定,土的抗剪强度指标是描述均匀土体平均强度趋势的参数,统计时要计算其一定空间范围的均值及其均值方差。因此有必要将随机场理论引入抗剪强度指标的统计方法,考虑土性指标的自相关性。

A.3.4.1 按随机场统计的简化相关法

首先取 $n(i=1\sim n)$ 组抗剪强度数据,每组数据对应 $k(j=1\sim k)$ 级荷载。即对某些特定的压力 $p_j, j=1,2,\cdots,k$,给出相应的若干组抗剪强度 τ 的试验值:$\tau_{ij}, i=1,2,\cdots,n$。按照摩尔强度包线:$\tau=c+p\theta$,这里为方便起见,记 $\theta=\tan\varphi$。

设 $\tan\varphi$、c 是平稳随机过程,且是联合平稳的,则在 $[z,z+h]$ 上相应的随机积分分别为:

$$\tau_h(z) = \frac{1}{h}\int_z^{z+h}\tau(z)\,dz$$

$$c_h(z) = \frac{1}{h}\int_z^{z+h}c(z)\,dz$$

$$\theta_h(z) = \frac{1}{h}\int_z^{z+h}\theta(z)\,dz$$

对任一个确定的 p 值，有 τ 也是平稳过程，且：

$$\tau_h(z) = c_h(z) + p\theta_h(z)$$

取方差运算，得下式：

$$\sigma_\tau^2\Gamma_\tau^2(h) = \sigma_c^2\Gamma_c^2(h) + p[\sigma_{c\theta}\Gamma_{c\theta}^2(h) + \sigma_{\theta c}\Gamma_{\theta c}^2(h)] + p^2\sigma_\theta^2\Gamma_\theta^2(h) \tag{A.4}$$

式中：

$$\Gamma_\tau^2(h) = \frac{2}{h}\int_0^h\left(1-\frac{\alpha}{h}\right)\rho_\tau(\alpha)\,d\alpha$$

$$\Gamma_c^2(h) = \frac{2}{h}\int_0^h\left(1-\frac{\alpha}{h}\right)\rho_c(\alpha)\,d\alpha$$

$$\Gamma_\theta^2(h) = \frac{2}{h}\int_0^h\left(1-\frac{\alpha}{h}\right)\rho_\theta(\alpha)\,d\alpha$$

$$\Gamma_{c\theta}^2(h) = \frac{2}{h}\int_0^h\left(1-\frac{\alpha}{h}\right)\rho_{c\theta}(\alpha)\,d\alpha$$

$$\Gamma_{\theta c}^2(h) = \frac{2}{h}\int_0^h\left(1-\frac{\alpha}{h}\right)\rho_{\theta c}(\alpha)\,d\alpha$$

σ_τ^2、σ_c^2、σ_θ^2 分别为 τ、c、θ 的“点方差”；$\sigma_{c\theta} = \sigma_{\theta c}$ 为 c 与 θ 的“点协方差”；ρ_τ、ρ_c、ρ_θ 分别为 τ、c、θ 的相关函数；$\rho_{c\theta}$、$\rho_{\theta c}$ 分别为 c 和 θ、θ 和 c 的互相关函数。

一般来说，实际问题中的 z、h 总是确定的，因此 $c_h(z)$、$\theta_h(z)$ 就退化为随机变量。在用 JC 法计算可靠度时，考虑将 $c_h(z)$、$\theta_h(z)$ 作为独立的随机变量，因此式(A.0.5-1)可以化下式：

$$\sigma_\tau^2\Gamma_\tau^2(h) = \sigma_c^2\Gamma_c^2(h) + p^2\sigma_\theta^2\Gamma_\theta^2(h) \tag{A.5}$$

比较式(A.3.4-1)及式(A.3.4-2)，可以看出两个土性指标的互相关性的影响可以通过式(A.3.4-2)的回归自动反映在均值方差中。

先按照考虑自相关性的方法求出 k 个 $\sigma_{\tau_j}^2\Gamma_{\tau_j}^2(h)$，然后利用数据 $(p_j^2, \sigma_{\tau_j^2}\Gamma_{\tau_j^2}(h))$，$j = 1,2,\cdots,k$，按式(A.0.5-2)用最小二乘法进行回归计算，得到 $\sigma_c^2\Gamma_c^2(h)$ 和 $\sigma_\theta^2\Gamma_\theta^2(h)$ 如下：

$$\sigma_\theta^2\Gamma_\theta^2(h) = \frac{1}{\Delta}[k\sum_{j=1}^k p_j^2\sigma_{\tau_j}^2\Gamma_{\tau_j}^2(h) - \sum_{j=1}^k p_j^2\sum_{j=1}^k\sigma_{\tau_j}^2\Gamma_{\tau_j}^2(h)]$$

$$\sigma_c^2\Gamma_c^2(h) = \frac{1}{k}\sum_{j=1}^k\sigma_{\tau_j}^2\Gamma_{\tau_j}^2(h) - \frac{1}{k}(\sum_{j=1}^k p_j^2)\sigma_\theta^2\Gamma_\theta^2(h)$$

式中，$\Delta = k\sum_{j=1}^k p_j^4 - (\sum_{j=1}^k p_j^2)^2$

这样得到的 $\sigma_c^2\Gamma_c^2(h)$ 和 $\sigma_\theta^2\Gamma_\theta^2(h)$ 可以作为相互独立的随机变量直接应用于可靠度的计算。

A.3.4.2 按随机场统计的正交变换法与按随机场统计的简化相关法类似，首先利用数据$(p_j, \sigma^2_{\tau_j}\Gamma^2_{\tau_j}(h))$，$j=1,2,\cdots,k$，按式(A.3.4-1)进行回归计算，得到$\sigma^2_c\Gamma^2_c(h)$、$\sigma^2_\theta\Gamma^2_\theta(h)$及$\sigma_{c\theta}\Gamma^2_{c\theta}(h)+\sigma_{\theta c}\Gamma^2_{\theta c}(h)$。

令

$$P_s(h)=\frac{\sigma_{c\theta}\Gamma^2_{c\theta}(h)+\sigma_{\theta c}\Gamma^2_{\theta c}(h)}{2\sigma^2_\theta\Gamma^2_\theta(h)}$$

作变换：

$$c'_h(z)=c_h(z)-P_s(h)\theta_h(z)$$

$$\theta_h(z)\equiv\theta_h(z)$$

则$c'_h(z)$与$\theta_h(z)$是不相关的，且有：

$$E[c'_h(z)]=\mu_c-p_s(h)\mu_\theta$$

$$E[\theta_h(z)]=\mu_\theta$$

式中，μ_c、μ_θ 按原方法进行统计。

及

$$Var[c'_h(z)]=\sigma^2_c\Gamma^2_c(h)+p^2_s(h)\sigma^2_\theta\Gamma^2_\theta(h)$$

$$Var[\theta_h(z)]=\sigma^2_\theta\Gamma^2_\theta(h)$$

由此可见，根据随机场理论修订后的简化相关法和正交变换法，在抗剪强度指标统计时既能考虑单个指标的自相关性，又能考虑指标之间的互相关性；并且不必分别研究c、$\tan\varphi$的自相关函数及互相关函数，而是通过回归直接得到其均值方差，可使计算大为简化。